EXAMINATION QUESTIONS AND ANSWERS
OF AMERICAN MIDDLE SCHOOL STUDENTS
MATHEMATICAL CONTEST FROM THE
FIRST TO THE LATEST (VOLUME VII)

历届美国中学生
数学竞赛试题及解答

第7卷 兼谈Liouville定理

1981~1986

刘培杰数学工作室 编

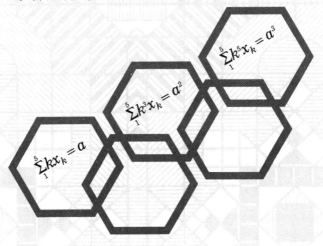

哈尔滨工业大学出版社
HARBIN INSTITUTE OF TECHNOLOGY PRESS

内容简介

美国中学数学竞赛是全国性的智力竞技活动,由大学教授出题,题目具有深厚的背景,蕴含丰富的数学思想,这些题目有益于中学生掌握数学思想,提高辨识数学思维模式的能力.本书面向高中师生,整理了从1981年到1986年历届美国中学生数学竞赛试题,并给出了巧妙的解答.

本书适合于中学生、中学教师及数学竞赛爱好者参考阅读.

图书在版编目(CIP)数据

历届美国中学生数学竞赛试题及解答.第7卷,兼谈 Liouville 定理:1981~1986/刘培杰数学工作室编.—哈尔滨:哈尔滨工业大学出版社,2015.1
ISBN 978-7-5603-5025-7

Ⅰ.①历… Ⅱ.①刘… Ⅲ.①中学数学课—题解 Ⅳ.①G634.605

中国版本图书馆 CIP 数据核字(2014)第 276896 号

策划编辑	刘培杰 张永芹	
责任编辑	张永芹 刘家琳 赵新月	
封面设计	孙茵艾	
出版发行	哈尔滨工业大学出版社	
社　　址	哈尔滨市南岗区复华四道街 10 号　邮编 150006	
传　　真	0451—86414749	
网　　址	http://hitpress.hit.edu.cn	
印　　刷	哈尔滨市石桥印务有限公司	
开　　本	787mm×960mm　1/16　印张 9.5　字数 107 千字	
版　　次	2015 年 1 月第 1 版　2015 年 1 月第 1 次印刷	
书　　号	ISBN 978-7-5603-5025-7	
定　　价	18.00 元	

(如因印装质量问题影响阅读,我社负责调换)

◎ 目录

第1章 1981年试题 //1
  1 第一部分 试题 //1
  2 第二部分 解答 //8

第2章 1982年试题 //22
  1 第一部分 试题 //22
  2 第二部分 解答 //29

第3章 1983年试题 //38
  1 第一部分 试题 //38
  2 第二部分 解答 //44

第4章 1984年试题 //58
  1 第一部分 试题 //58
  2 第二部分 解答 //64

第5章 1985年试题 //77
  1 第一部分 试题 //77
  2 第二部分 解答 //84

第6章 1986年试题 //98
  1 第一部分 试题 //98
  2 第二部分 解答 //105

附录 Liouville 定理 //118
  1 引言 //118
  2 由恒等式所产生的竞赛试题 //119
  3 恒等式的推广——J. Liouville 定理 //127
  4 与之有关的未解决问题 //129

1981 年试题

1 第一部分 试题

1. 若 $\sqrt{x+2}=2$,那么 $(x+2)^2$ 等于 ( ).

   (A)$\sqrt{2}$ (B)2   (C)4
   (D)8   (E)16

2. 如图,点 E 在正方形 $ABCD$ 的边 AB 上. 若 EB 的长为 1,EC 的长为 2,那么正方形的面积是( ).

   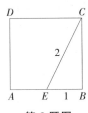

   第 2 题图

   (A)$\sqrt{3}$ (B)$\sqrt{5}$ (C)3
   (D)$2\sqrt{3}$ (E)5

3. 已知 $x\neq 0$,$\dfrac{1}{x}+\dfrac{1}{2x}+\dfrac{1}{3x}$ 等于( ).

(A)$\dfrac{1}{2x}$ (B)$\dfrac{1}{6x}$ (C)$\dfrac{5}{6x}$ (D)$\dfrac{11}{6x}$ (E)$\dfrac{1}{6x^3}$

4. 若在两数中,大数的 3 倍是小数的 4 倍,且两数之差为 8.那么两数中的大数是(　　).

(A)16　(B)24　(C)32　(D)44　(E)52

5. 在梯形 $ABCD$ 中,边 AB 与 CD 平行,对角线 BD 与边 AD 的长相等.若 $\angle DCB=110°$,$\angle CBD=30°$,那么 $\angle ADB$ 等于(　　).

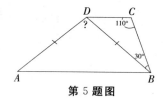

第 5 题图

(A)80°　(B)90°　(C)100°　(D)110°　(E)120°

6. 若 $\dfrac{x}{x-1}=\dfrac{y^2+2y-1}{y^2+2y-2}$,那么 x 等于(　　).

(A)y^2+2y-1　(B)y^2+2y-2　(C)y^2+2y+2

(D)y^2+2y+1　(E)$-y^2-2y+1$

7. 在前 100 个正整数(即 1 到 100)中,有多少个数能被 2,3,4,5 这四个数都整除(　　).

(A)0　(B)1　(C)2　(D)3　(E)4

8. 对于所有正数 x,y,z,乘积 $(x+y+z)^{-1}(x^{-1}+y^{-1}+z^{-1})(xy+yz+zx)^{-1}[(xy)^{-1}+(yz)^{-1}+(zx)^{-1}]$ 等于(　　).

(A)$x^{-2}y^{-2}z^{-2}$　　　(B)$x^{-2}+y^{-2}+z^{-2}$

(C)$(x+y+z)^{-2}$　　　(D)$\dfrac{1}{xyz}$

(E)$\dfrac{1}{xy+yz+zx}$

9. 如图,PQ 是正方体的对角线.若 PQ 的长为 a,那么正方体的表面积是（　　）.

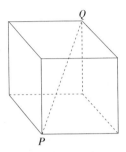

第 9 题图

(A) $2a^2$　(B) $2\sqrt{2}a^2$　(C) $2\sqrt{3}a^2$　(D) $3\sqrt{3}a^2$
(E) $6a^2$

10. 直线 L 和 K 是关于直线 $y=x$ 互相对称的两条直线,若直线 L 的方程是 $y=ax+b$（其中 $a\neq 0, b\neq 0$）,那么直线 K 的方程是 $y=$（　　）.

(A) $\dfrac{1}{a}x+b$　　　　(B) $-\dfrac{1}{a}x+b$

(C) $-\dfrac{1}{a}x-\dfrac{b}{a}$　　(D) $\dfrac{1}{a}x+\dfrac{b}{a}$

(E) $\dfrac{1}{a}x-\dfrac{b}{a}$

11. 一直角三角形的三边的长都是整数,并且成等差数列,其中一边的长可能是（　　）.
(A) 22　(B) 58　(C) 81　(D) 91　(E) 361

12. 设 p,q 和 M 都是正数,且 $q<100$,若把 M 增加 $p\%$,然后再把所得的结果减少 $q\%$,那么当且仅当什么情况下,这样所得的数仍要大于 M（　　）.

(A) $p>q$　　　　(B) $p>\dfrac{q}{100-q}$

(C) $p > \dfrac{q}{1-q}$ (D) $p > \dfrac{100q}{100+q}$

(E) $p > \dfrac{100q}{100-q}$

13. 假设某年的年底,一单位的货币比年初贬值 10%,试求 n 年之后,使这个单位的货币要比原值贬值 90% 的最小整值 n (lg 3 精确到千分之一的近似值是 0.477)( ).

(A)14 (B)16 (C)18 (D)20 (E)22

14. 在一个各项都是实数的等比数列中,前两项的和是 7,前六项的和是 91,那么前四项的和是( ).

(A)28 (B)32 (C)35 (D)49 (E)84

15. 若 $b>1, x>0$, 且 $(2x)^{\log_b 2} - (3x)^{\log_b 3} = 0$, 那么 x 是 ( ).

(A)$\dfrac{1}{216}$ (B)$\dfrac{1}{6}$ (C)1 (D)6 (E)解不唯一

16. x 的三进位制表示法是

1211221112221111112222

那么 x 的九进位制表示法的第一位(从左边算起)数字是( ).

(A)1 (B)2 (C)3 (D)4 (E)5

17. 函数 $f(x)$ 在 $x=0$ 处没有定义,但对所有非零实数 x 有 $f(x) + 2f\left(\dfrac{1}{x}\right) = 3x$. 满足方程 $f(x) = f(-x)$ 的实数( ).

(A)恰有一个 (B)恰有两个 (C)不存在

(D)有无穷多个,但并非一切非零实数

(E)是一非零实数

18. 方程 $\dfrac{x}{100} = \sin x$ 的实数解的个数是( ).

(A)61　(B)62　(C)63　(D)64　(E)65

19. 在 △ABC 中，M 是边 BC 的中点，AN 平分 ∠BAC，BN⊥AN，且 ∠BAC 的度数为 θ. 若边 AB 和 AC 的长度分别为 14 和 19，那么 MN 的长等于(　　).

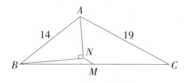

第 19 题图

(A)2　　　(B)$\dfrac{5}{2}$　　　(C)$\dfrac{5}{2}-\sin\theta$

(D)$\dfrac{5}{2}-\dfrac{1}{2}\sin\theta$　　　(E)$\dfrac{5}{2}-\dfrac{1}{2}\sin\dfrac{1}{2}\theta$

20. 从点 A 出发的一条光线在一平面内行进，在直线 AD 和 CD 之间反射了 n 次后，垂直地射到点 B(该点可能在 AD 上也可能在 CD 上)，然后按原路返回点 A.(如图所示，在每一个反射点，入射光线和反射光线与 AD 或 CD 所成的角相等. 该图是 n=3 时的光路图)若 ∠CDA=8°，n 的最大值是多少(　　).

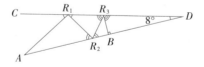

第 20 题图

(A)6　(B)10　(C)38　(D)98　(E)无最大值

21. 在一个边长为 a,b 和 c 的三角形中，(a+b+c)(a+b−c)=3ab，则边长为 c 的边所对的角的度数是(　　).

(A)15°　(B)30°　(C)45°　(D)60°　(E)150°

22. 在空间直角坐标系中,有多少条直线经过形如(i,j,k)的四个不同点(其中i,j,k是不大于4的正整数)( ).

(A)60　(B)64　(C)72　(D)76　(E)100

23. 如图,等边$\triangle ABC$内接于一个圆.第二个圆与外接

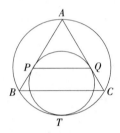

第23题图

圆内切于T,且与边AB和AC分别切于点P和点Q.若边BC的长为12,那么线段PQ的长为( ).

(A)6　(B)$6\sqrt{3}$　(C)8　(D)$8\sqrt{3}$　(E)9

24. 若θ是常数,$0<\theta<\pi$,且$x+\dfrac{1}{x}=2\cos\theta$,那么对于每一个正整数$n$,$x^n+\dfrac{1}{x^n}$等于( ).

(A)$2\cos\theta$　(B)$2^n\cos\theta$　(C)$2\cos^n\theta$

(D)$2\cos n\theta$　(E)$2^n\cos^n\theta$

25. 如图,在$\triangle ABC$中,AD和AE三等分$\angle BAC$. BD,DE和EC的长分别是$2,3$和6.则$\triangle ABC$的最短边的长是( ).

(A)$2\sqrt{10}$　(B)11　(C)$6\sqrt{6}$　(D)6

(E)在给定的条件下无唯一确定的解

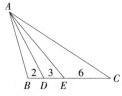

第25题图

26. Alice,Bob 和 Carol 轮流重复掷一骰子. Alice 先开始,接着是 Bob,然后是 Carol,紧跟着又是 Alice,如此循环. 试求 Carol 第一个掷出 6 点的概率(任何一次掷出 6 点的概率都是 $\frac{1}{6}$,与任何其他投掷的结果无关)( ).

(A) $\frac{1}{3}$　(B) $\frac{2}{9}$　(C) $\frac{5}{18}$　(D) $\frac{25}{91}$　(E) $\frac{36}{91}$

27. 如图,△ABC 内接于一圆. 点 D 在 $\stackrel{\frown}{AC}$ 上,$\stackrel{\frown}{DC}=30°$,点 G 在 $\stackrel{\frown}{BA}$ 上,$\stackrel{\frown}{BG}>\stackrel{\frown}{GA}$,边 AB 和 AC 的长都与弦 DG 的长相等,且 ∠CAB = 30°. 弦 DG 与边 AC,AB 分别相交于 E,F. 则 △AFE 的面积与 △ABC 的面积之比为( ).

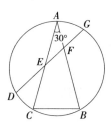

第27题图

(A) $\frac{2-\sqrt{3}}{3}$　(B) $\frac{2\sqrt{3}-3}{3}$　(C) $7\sqrt{3}-12$

7

(D)$3\sqrt{3}-5$ (E)$\dfrac{9-5\sqrt{3}}{3}$

28. 考虑形如 $x^3+a_2x^2+a_1x+a_0=0$(其中 a_2,a_1,a_0 都是实常数,且 $|a_i|\leqslant 2, i=0,1,2$)的所有方程的集合.设 r 是最大的正实数,并且至少是其中一个方程的解,那么( ).

(A)$1\leqslant r<\dfrac{3}{2}$ (B)$\dfrac{3}{2}\leqslant r<2$ (C)$2\leqslant r<\dfrac{5}{2}$

(D)$\dfrac{5}{2}\leqslant r<3$ (E)$3\leqslant r<\dfrac{7}{2}$

29. 若 $a\geqslant 1$,那么方程 $\sqrt{a-\sqrt{a+x}}=x$ 的实数解之和等于( ).

(A)$\sqrt{a}-1$ (B)$\dfrac{\sqrt{a}-1}{2}$ (C)$\sqrt{a-1}$

(D)$\dfrac{\sqrt{a-1}}{2}$ (E)$\dfrac{\sqrt{4a-3}-1}{2}$

30. 若 a,b,c,d 是方程 $x^4-bx-3=0$ 的四个根,那么根为 $\dfrac{a+b+c}{d^2},\dfrac{a+b+d}{c^2},\dfrac{a+c+d}{b^2},\dfrac{b+c+d}{a^2}$ 的四次方程是( ).

(A)$3x^4+bx+1=0$ (B)$3x^4-bx+1=0$
(C)$3x^4+bx^3-1=0$ (D)$3x^4-bx^3-1=0$
(E)这些都不对

2 第二部分 解答

1. $x+2=4$;$(x+2)^2=16$.
   答案:(E).
2. $1^2+BC^2=2^2$;正方形的面积$=BC^2=3$.

第1章　1981年试题

答案：(C)．

3. $\dfrac{1}{x}+\dfrac{1}{2x}+\dfrac{1}{3x}=\dfrac{6}{6x}+\dfrac{3}{6x}+\dfrac{2}{6x}=\dfrac{11}{6x}$．

答案：(D)．

4. 设大数为 x，则小数为 $x-8$，$3x=4(x-8)$，因此 $x=32$．

答案：(C)．

5. 在 $\triangle BDC$ 中，$\angle BDC=40°$．因为 $DC/\!/AB$，所以 $\angle DBA=40°$．又因为等腰三角形的底角相等，所以 $\angle BAD=40°$．由此得到 $\angle ADB=100°$．

答案：(C)．

6. 根据题意有
$$(y^2+2y-2)x=(x^2+2y-1)x-(y^2+2y-1)$$
$$[(y^2+2y-2)-(y^2+2y-1)]x=-(y^2+2y-1)$$
$$x=y^2+2y-1$$

或将已知等式的右边改写为 $\dfrac{y^2+2y-1}{(y^2+2y-1)-1}$，观察该式得到 $x=y^2+2y-1$．

答案：(A)．

7. 在 100 以内只有 $5,10,15,\cdots,100$ 这二十个数能被 5 整除．其中只有 $20,40,60,80$ 和 100 还能被 4 整除．在这些数中只有 60 能被 3 整除，它还能被 2 整除．

或者先求出 $2,3,4,5$ 的最小公倍数是 60，因此能被 $2,3,4,5$ 都整除的数一定是 60 的倍数．

答案：(B)．

8. 根据题意得
$$原式=\dfrac{1}{x+y+z}\left(\dfrac{1}{x}+\dfrac{1}{y}+\dfrac{1}{x}\right)\left(\dfrac{1}{xy+yz+zx}\right)\left(\dfrac{1}{xy}+\dfrac{1}{yz}+\dfrac{1}{zx}\right)=$$

$$\frac{1}{x+y+z}\left(\frac{xy+yz+zx}{xyz}\right)\left(\frac{1}{xy+yz+zx}\right)\left(\frac{z+y+z}{xyz}\right)=$$
$$\frac{1}{(xyz)^2}=x^{-2}y^{-2}z^{-2}$$

答案：(A).

9. 如图，设 s 为正方体的棱长，R 和 T 为正方体的两个顶点. 对 $\triangle PQR$ 和 $\triangle PRT$ 运用勾股定理，得到 $a^2-s^2=PR^2=s^2+s^2$，$a^2=3s^2$，表面积是 $6s^2=2a^2$.

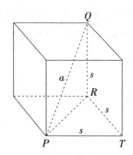

第9题答案图

答案：(A).

10. 若 (p,q) 是直线 L 上的点，那么由对称性可知点 (q,p) 必在直线 K 上，因此在 K 上的点满足 $x=ay+b$，解出 $y=\frac{1}{a}x-\frac{b}{a}$.

答案：(E).

11. 设三角形的三边的长分别为 $s-d, s, s+d$. 由勾股定理得
$$(s-d)^2+s^2=(s+d)^2$$
展开后整理得
$$s(s-4d)=0$$
因为 s 为正值，所以 $s=4d$. 这样的三边的长分别为 $3d, 4d$ 和 $5d$. 即这三条边长必须能被 3 或 4 或 5

整除,所以只有(C)才可能是一边的长.

答案:(C).

12. 按题意可写出以下不等式
$$M\left(1+\frac{p}{100}\right)\left(1-\frac{q}{100}\right)>M$$

即 $$1+\frac{p}{100}>\frac{1}{1-\frac{q}{100}}=\frac{100}{100-q}$$

从而 $$\frac{p}{100}>\frac{100}{100-q}-1=\frac{q}{100-q}$$

所以 $$p>\frac{100q}{100-q}$$

答案:(E).

13. 若 A 表示某年年初这个单位货币的值,那么 $0.9A$ 表示该年年底它的值,$0.9^n A$ 表示第 n 年底它的值. 我们要求出的最小整数 n 应满足以下不等式
$$0.9^n A \leqslant 0.1A$$

解之得 $$n \geqslant \frac{1}{1-2\lg 3} \approx 21.7$$

答案:(E).

14. 设 a 和 r 分别是这个等比数列的首项和公比,那么
$$a+ar=7$$
$$\frac{a(r^6-1)}{r-1}=91$$

把上面的第二个方程除以第一个方程,得到
$$\frac{r^6-1}{r^2-1}=13$$

将上式整理后,可得
$$(r^2+4)(r^2-3)=0$$

这样 $r^2=3$,从而立即有

$$a+ar+ar^2+ar^3=(a+ar)(1+r^2)=7\times 4=28$$

答案:(A).

15. 先把 $\log_b$ 简写成 $\log$,则已知方程可等价为
$$(2x)^{\log 2}=(3x)^{\log 3}$$
即
$$\frac{2^{\log 2}}{3^{\log 3}}=x^{\log 3-\log 2}$$

将上式的两边取对数,得
$$(\log 2)^2-(\log 3)^2=(\log 3-\log 2)\log x$$
$$-(\log 2+\log 3)=\log x$$
$$\log\frac{1}{6}=\log x$$
$$x=\frac{1}{6}$$

答案:(B).

16. 把 x 的三进位制表示的数字一对对地组合,得到
$$x=(1\times 3^{19}+2\times 3^{18})+(1\times 3^{17}+1\times 3^{16})+\cdots+(2\times 3+2)=$$
$$(1\times 3+2)(3^2)^9+(1\times 3+1)\times(3^2)^8+\cdots+(2\times 3+2)$$

因此,x 的九进位制的第一位数字是 $1\times 3+2=5$.

答案:(E).

17. 以 $\frac{1}{x}$ 代替已知方程 $f(x)+2f\left(\frac{1}{x}\right)=3x$ 中的 x,得到
$$f\left(\frac{1}{x}\right)+2f(x)=\frac{3}{x}$$

从这两个方程中消去 $f\left(\frac{1}{x}\right)$,得到
$$f(x)=\frac{2-x^2}{x}$$

那么当且仅当

$$\frac{2-x^2}{x} = \frac{2-(-x)^2}{-x}$$

时,$f(x) = f(-x)$,此时

$$x^2 = 2, x = \pm\sqrt{2}$$

故方程 $f(x) = f(-x)$ 仅有两个解.

答案:(B).

18. 因为 $\frac{-x}{100} = \sin(-x)$,因此方程有相同个数的正根和负根.此外,$x=0$ 也是方程的一个根.由于 $|x| = 100|\sin x| \leqslant 100$;因而方程的所有正根小于或等于 100.

因为 $15.5 < \frac{100}{2\pi} < 16$,所以 $\frac{x}{100}$ 和 $\sin x$ 的图像如图所示.这样,所给方程在 0 和 π 之间有一个根.从 $(2k-1)\pi$ 到 $(2k+1)\pi (1 \leqslant k \leqslant 15)$ 的每一个区间上都有两个根,因此根的总数是

$$1 + 2(1 + 2 \times 15) = 63$$

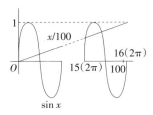

第18题答案图

答案:(C).

19. 如图,延长 BN,交 AC 于 E.

因为 $\angle BAN = \angle EAN, AN = AN, \angle ANB = \angle ANE$,所以 $\triangle BNA \cong \triangle ENA$.因而 N 是 BE 的中点.$AB = AE = 14, EC = 19 - 14 = 5$.又因为 M

是 BC 的中点,MN 是 $\triangle BCE$ 的中位线,所以 $MN=\dfrac{1}{2}EC=\dfrac{5}{2}$.

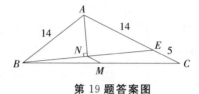

第19题答案图

答案：(B).

20. 设 $\angle DAR_1=\theta$,又设 θ_i 是光线和反射光线在第 i 次反射点所形成的锐角. 对 $\triangle AR_1D$ 用三角形外角定理,然后对 $\triangle R_{i-1}R_iD$(其中 $2\leqslant i\leqslant n$)逐个运用外角定理,最后对 $\triangle R_nBD$ 也运用该定理,得到

$$\theta_1=\theta+8°$$
$$\theta_2=\theta_1+8°=\theta+16°$$
$$\vdots$$
$$\theta_n=\theta_{n-1}+8°=\theta+(8n)°$$
$$90°=\theta_n+8°=\theta+(8n+8)°$$

但是 θ 必须是正的,所以

$$0<\theta=90°-(8n+8)°$$
$$n<\dfrac{82°}{8°}<11$$

若 $\theta=2°$,那么 n 就达到最大值 10.

答案：(B).

21. 设 θ 是边长为 c 的边所对的角. 由已知条件

$$(a+b+c)(a+b-c)=3ab$$

即

$$(a+b)^2-c^2=3ab$$
$$a^2+b^2-ab=c^2$$

而 $$a^2+b^2-2ab\cos\theta=c^2$$
所以 $ab=2ab\cos\theta$,且立即可得
$$\theta=60°$$

答案:(D).

22. 在空间直角坐标系中,考虑包含所有格点(i,j,k)的最小立方体(其中$1\leqslant i,j,k\leqslant 4$).它有 4 条主对角线.有 24 条与坐标平面平行的对角线:4 个平面的每一面有 2 条对角线,平行于空间坐标平面(即 3 个坐标平面)的每一面.有 48 条直线平行于坐标轴;3 个方向的每一个有 16 条直线与其平行.所以共有 4+24+48=76 条直线.

答案:(D).

23. 设 O 和 H 分别是 PQ 和 BC 与直径 AT 的交点.过 T 的切线与边 AB,AC 的延长线围成一个等边三角形.图中的小圆是该等边三角形的内切圆,P,Q,T 都是切点,所以 $\triangle PQT$ 是等边三角形.因为 $\triangle APQ$ 是一个与 $\triangle PQT$ 有一条公共边的等边三角形,所以 $\triangle APQ\cong\triangle PQT$.这样,$AO=OT$,$O$ 是大圆的圆心.

这就是说 $AO=\dfrac{2}{3}AH$,因此 $PQ=\dfrac{2}{3}BC=8$.

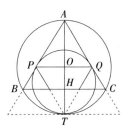

第 23 题答案图

答案:(C).

24. 把 $x+\dfrac{1}{x}=2\cos\theta$ 变形为
$$x^2-2x\cos\theta+1=0$$
那么
$$x=\cos\theta\pm\sqrt{\cos^2\theta-1}=\cos\theta\pm i\sin\theta(=e^{\pm i\theta})$$
运用棣莫弗公式
$$x^n=\cos n\theta\pm i\sin n\theta(=e^{\pm in\theta})$$
$$\dfrac{1}{x^n}=\dfrac{1}{\cos n\theta\pm i\sin n\theta}=\cos n\theta\mp i\sin n\theta(=e^{\mp in\theta})$$
即可得 $\quad x^n+\dfrac{1}{x^n}=2\cos n\theta$

答案:(D).

25. 解法一:设 $\angle BAC=3\alpha,AB=x,AD=y$(图(a)).
然后由三角形的角平分线定理,得
$$\dfrac{AB}{AE}=\dfrac{2}{3},\dfrac{AD}{AC}=\dfrac{1}{2}$$
因此,$AE=\dfrac{3}{2}x,AC=2y$.

在 $\triangle ADB,\triangle AED$ 和 $\triangle ACE$ 中分别用余弦定理,得
$$\dfrac{x^2+y^2-4}{2xy}=\dfrac{\dfrac{9}{4}x^2+y^2-9}{3xy}=\dfrac{\dfrac{9}{4}x^2+4y^2-36}{6xy}$$
由第一和第二表达式的等式化简得
$$3x^2-2y^2=12$$
由第三和第三表达式的等式化简得
$$3x^2-4y^2=-96$$
解这两个关于 x,y 的联立方程,得到
$$x=2\sqrt{10},y=\sqrt{54}=3\sqrt{6}$$

这样,边 $AB=2\sqrt{10}$,$AC=6\sqrt{6}$,$BC=11$.

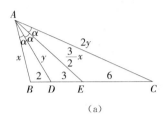

(a)

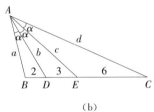

(b)

第 25 题答案图

解法二:设 $AB=a$,$AD=b$,$AE=c$,$AC=d$(图(b)).用角平分线定理

$$\frac{a}{c}=\frac{2}{3}, \frac{b}{d}=\frac{3}{6}$$

这样,$a=\frac{2}{3}c$ 和 $d=2b$,再由角平分线长度公式①可得

---

① 角平分线长度公式:设 AD 是 $\triangle ABC$ 的角平分线,如图,那么 $AD^2+BD\cdot DC=AB\cdot AC$.

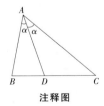

注释图

$$b^2+6=ac, c^2+18=bd$$

在这两个方程中用上述 a,b,c,d 间的关系,可以得到

$$b^2+6=\frac{2}{3}c^2, c^2+18=2b^2$$

解关于 c^2 和 b^2 的方程,得到
$$c^2=90, b^2=54$$

这样

$$a=\frac{2(3\sqrt{10})}{3}=2\sqrt{10}, d=2(3\sqrt{6})=6\sqrt{6}$$

答案:(A).

26. Carol 第一次掷骰子就第一个掷到 6 的概率是 $\left(\frac{5}{6}\right)^2 \times \frac{1}{6}$,她第二次掷骰子第一个掷到 6 的概率是 $\left(\frac{5}{6}\right)^5 \times \frac{1}{6}$,$\cdots$,总之,Carol 在第 n 次第一个掷到 6 的概率是 $\left(\frac{5}{6}\right)^{3n-1} \times \frac{1}{6}$.

所以,Carol 成为第一个掷到 6 的概率是

$$\left(\frac{5}{6}\right)^2 \times \frac{1}{6} + \left(\frac{5}{6}\right)^5 \times \frac{1}{6} + \cdots + \left(\frac{5}{6}\right)^{3n-1} \times \frac{1}{6} + \cdots$$

这是一个首项为 $a=\left(\frac{5}{6}\right)^2 \times \frac{1}{6}$,公比为 $r=\left(\frac{5}{6}\right)^3$ 的无穷递缩等比数列的和,其和是 $\frac{a}{1-r}=\frac{25}{91}$.

答案:(D).

27. 如图,作线段 DC.

因为 $\overset{\frown}{AC}=150°$,$\overset{\frown}{AD}=\overset{\frown}{AC}-\overset{\frown}{DC}=150°-30°=120°$. 因此 $\angle ACD=60°$. 又因为 $AC=DG$,$\overset{\frown}{GA}=$

$\overset{\frown}{GD}-\overset{\frown}{AD}=\overset{\frown}{AC}-120°=30°$. 所以 $\overset{\frown}{CG}=180°$, $\angle CDG=90°$. 这样, $\triangle DEC$ 是一个含有 $30°$ 角的直角三角形. 因为我们要求的是面积之比. 不失一般性, 假定 $AC=AB=DG=1$, 再设 $AE=x=DE$, 那么 $CE=1-x=\dfrac{x}{\sqrt{3}}\times 2$. 解出 $AE=x=2\sqrt{3}-3$. 又设 FH 是 $\triangle AFE$ 中边 AE 上的高, 则

$$EH=\dfrac{AE}{2}=\dfrac{2\sqrt{3}-3}{2}, FH=\left(\dfrac{2\sqrt{3}-3}{2}\right)\cdot\dfrac{\sqrt{3}}{3}$$

$\triangle AFE$ 的面积 $=EH\cdot FH=\left(\dfrac{2\sqrt{3}-3}{2}\right)^2\cdot\dfrac{\sqrt{3}}{3}=\dfrac{7\sqrt{3}-12}{4}$. $\triangle ABC$ 的面积 $=\dfrac{1}{2}AB\cdot AC\cdot\sin 30°=\dfrac{1}{2}\cdot 1\cdot 1\cdot\dfrac{1}{2}=\dfrac{1}{4}$.

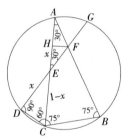

第 27 题答案图

因此, $\dfrac{\triangle AFE \text{ 的面积}}{\triangle ABC \text{ 的面积}}=7\sqrt{3}-12$.

答案: (C).

28. 设 $g(x)=x^3+a_2 x^2+a_1 x+a_0$ 是一个有指定形式常数的任意三次多项式. 因为对于充分大的 x, x^3 支配着其他各项, 对于所有比 $g(x)$ 的最大实根大

的 x,有 $g(x)>0$. 这样我们得寻找一个特定的 $g(x)$,其中各项 $a_2x^2+a_1x+a$. 尽可能"抑制" $g(x)$,以至使方程最大实根的值尽可能大. 猜测该题的答案是 $f(x)=x^3-2x^2-2x-2$ 的最大实根. 设该根为 r_0. 为了证实这个推测,注意当 $x\geqslant 0$ 时, $-2x^2\leqslant a_2x^2$, $-2x\leqslant a_1x$, $-2\leqslant a_0$. 把这些不等式相加,两边都加上 x^3,对于所有 $x\geqslant 0$,得到 $f(x)\leqslant g(x)$. 这样,对于所有的 $x>r_0$, $0<f(x)\leqslant g(x)$. 那就是说,$g(x)$ 中没有一个根比 r_0 大,所以 r_0 就是题中的 r.

$f(x)$ 的草图可显示它是一个典型的 S 型图像的三次多项式,它的最大根略小于 3. 事实上,$f(2)=-6$,$f(3)=1$. 为了完全确定答案是(D),而不是(C). 还应计算 $f\left(\dfrac{5}{2}\right)$,看看它是不是负的,事实上确实有 $f\left(\dfrac{5}{2}\right)=-\dfrac{31}{8}$.

答案:(D)

29. 因为 x 是一些量的算术平方根,所以 $x\geqslant 0$. 由于 $x\geqslant 0$,已知方程等价于 $a-\sqrt{a+x}=x^2$. 因为这个方程的左边是 x 的递减函数,右边是递增函数,很容易验证方程只有一个根. 设 $y=\sqrt{a+x}$,解方程

$$a-y=x^2$$
$$a-y-y^2=x^2-y^2$$
$$a-y-(a+x)=x^2-y^2$$
$$-(x+y)=(x+y)(x-y)$$
$$(x+y)(x-y+1)=0$$

因为 $a\geqslant 1$,$x\geqslant 0$,故 $y>0$,$x+y\neq 0$.

所以 $\qquad x-y+1=0$

亦即 $\qquad x+1=\sqrt{a+x}$

从而 $\qquad (x+1)^2=a+x$

解之得 $x=\dfrac{-1\pm\sqrt{4a-3}}{2}$.

上式中,负值不是原方程的根,正根 $x=\dfrac{\sqrt{4a-3}-1}{2}$ 是方程 $\sqrt{a-\sqrt{a+x}}=x$ 的实数解之和.

答案:(E).

30. 因为在多项式函数 $f(x)=x^4-bx-3$ 中 x^3 的系数是零,所以 $f(x)$ 的根的和也是零.

因此
$$\frac{a+b+c}{d^2}=\frac{a+b+c+d-d}{d^2}=-\frac{1}{d}$$

同理
$$\frac{a+c+d}{b^2}=-\frac{1}{b},\frac{a+b+d}{c^2}=-\frac{1}{c},\frac{b+c+d}{a^2}=-\frac{1}{a}$$

因此方程 $f\left(-\dfrac{1}{x}\right)=0$,即 $3x^4-bx^3-1=0$ 有题中指定的解.

答案:(D).

1982 年试题

第 2 章

1 第一部分 试题

1. 当多项式 x^3-2 除以多项式 x^2-2 时,其余项为( ).
   (A)2　　(B)-2　　(C)$-2x-2$
   (D)$2x+2$　　(E)$2x-2$

2. 将 x 的 8 倍再加 2,其结果的 $\frac{1}{4}$ 为( ).
   (A)$2x+\frac{1}{2}$　(B)$x+\frac{1}{2}$　(C)$2x+2$
   (D)$2x+4$　(E)$2x+16$

3. 在 $x=2$ 处,计算 $(x^x)^{(x^x)}$ 的结果应为( ).
   (A)16　　(B)64　　(C)256
   (D)1 024　(E)65 536

4. 一个半圆的周长的数值(以厘米为单位)正好等于该半圆的面积的数值(以平方厘米为单位),则该半圆的半径为(以厘米为单位)( ).

(A)π (B)$\dfrac{2}{\pi}$ (C)1 (D)$\dfrac{1}{2}$ (E)$\dfrac{4}{\pi}+2$

5. x,y 为两个正数,$x:y=a:b$,其中 $0<a<b$. 如果 $x+y=c$,则 x 与 y 中较小的一个为( ).

(A)$\dfrac{ac}{b}$ (B)$\dfrac{bc-ac}{b}$ (C)$\dfrac{ac}{a+b}$ (D)$\dfrac{bc}{a+b}$

(E)$\dfrac{ac}{b-a}$

6. 设有一个凸多边形,除去一个内角以外的所有其他内角之和为 $2\,570°$,该内角为( ).
(A)$90°$ (B)$105°$ (C)$120°$ (D)$130°$ (E)$144°$

7. 定义运算 $x*y=(x+1)(y+1)-1$,则下列结论中哪一个是不成立的( ).

(A)对任何实数 x 和 y,$x*y=y*x$

(B)对任何实数 x,y,z,$x*(y+z)=(x*y)+(x*z)$

(C)对任何实数 x,$(x-1)*(x+1)=(x*x)-1$

(D)对任何实数 x,$x*0=x$

(E)对任何实数 x,y,z,$x*(y*z)=(x*y)*z$

8. 定义 $r!=r(r-1)\cdots 1$ 及 $\binom{j}{k}=\dfrac{j!}{k!(j-k)!}$,其中 r,j,k 均为正整数且 $j<k$. 如果 $n>3$,且 $\binom{n}{1}$,$\binom{n}{2}$,$\binom{n}{3}$ 构成等差数列,则 n 等于( ).

(A)5 (B)7 (C)9 (D)11 (E)12

9. 一个三角形以 $(0,0),(1,1)$ 及 $(9,1)$ 为三个顶点,一条与 x 轴相垂直的直线将该三角形划分成面积相等的两部分,则该直线的方程为 $x=($).

(A)2.5　　(B)3.0　　(C)3.5　　(D)4.0
(E)4.5

10. 如图,BO 平分 $\angle CBA$,CO 平分 $\angle ACB$,且 $MN \parallel BC$,设 $AB=12$,$BC=24$,$AC=18$,则 $\triangle AMN$ 的周长为(　　).

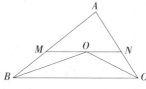

第10题图

(A)30　(B)33　(C)36　(D)39　(E)42

11. 在 1 000 与 9 999 之间有多少个四位数,其各位数字互不相同,且首尾两个数字之差为 2(　　).
(A)672　(B)784　(C)840　(D)896　(E)1 008

12. 设 $f(x)=ax^7+bx^3+cx-5$,其中 a,b,c 为常数,已知 $f(-7)=7$,则 $f(7)$ 等于(　　).
(A)-17　　(B)-7　　(C)14　　(D)21
(E)不能唯一确定

13. 设 $a>1,b>1$,且 $P=\dfrac{\log_b(\log_b a)}{\log_b a}$,则 a^P 等于(　　).
(A)1　(B)b　(C)$\log_a b$　(D)$\log_b a$　(E)$a^{\log_b a}$

14. 如图,圆 O 与圆 N 相切,圆 N 与圆 P 相切,AB,BC,CD 分别为它们的直径,且 $AB=BC=CD=30$,又 AG 与圆 P 相切于点 G. 设 AG 与圆 N 相交于 E 与 F 两点,则弦 EF 的长度为(　　).
(A)20　　(B)$15\sqrt{2}$　　(C)24　　(D)25
(E)上述数字都不对

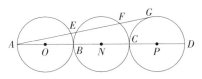

第14题图

15. 令$[z]$表示不超过z的最大整数. 设x,y满足下列方程组
$$\begin{cases} y=2[x]+3 \\ y=3[x-2]+5 \end{cases}$$
假设x不是一个整数, 则$x+y$必定是( ).
(A)一个整数 (B)在4与5之间
(C)在-4与4之间 (D)在15与16之间
(E)16.5

16. 如图所示, 一个木头立方体的棱长为3 m, 从每个面的中间割出一个边长为1 m的正方形洞直至其对面, 洞的边分别平行于立方体的边. 则以平方米为单位, 整个表面积(包括内部表面积)为( ).

第16题图

(A)54 (B)72 (C)76 (D)84 (E)86

17. 方程$3^{2x+2}-3^{x+3}-3^x+3=0$有多少个实数解( ).
(A)0 (B)1 (C)2 (D)3 (E)4

18. 如图所表示的长方体中, $\angle DHG=45°$, $\angle FHB=60°$, 则$\angle BHD$的余弦为( ).

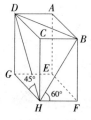

第18题图

(A) $\dfrac{\sqrt{3}}{6}$ (B) $\dfrac{\sqrt{2}}{6}$ (C) $\dfrac{\sqrt{6}}{3}$ (D) $\dfrac{\sqrt{6}}{4}$ (E) $\dfrac{\sqrt{6}-\sqrt{2}}{4}$

19. 设 $f(x)=|x-2|+|x-4|-|2x-6|$,其中 $2 \leqslant x \leqslant 8$,则 $f(x)$ 的最大值与最小值之和为( )
    (A)1 (B)2 (C)4 (D)6 (E)上述数值都不对

20. 满足方程 $x^2+y^2=x^3$ 的正整数对 (x,y) 的个数为( ).
    (A)0 (B)1 (C)2 (D)无限个
    (E)上述结论都不对

21. 如图,$\triangle ABC$ 为直角三角形,$\angle BCA=90°$,中线 CM 垂直于中线 BN,且边 $BC=S$,则 BN 的长度为( ).

    (A)$S\sqrt{2}$ (B)$\dfrac{3}{2}S\sqrt{2}$ (C)$2S\sqrt{2}$

    (D)$\dfrac{S\sqrt{5}}{2}$ (E)$\dfrac{S\sqrt{6}}{2}$

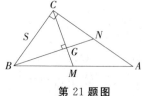

第21题图

22. 如图,设在一个宽度为 W 的小巷内,一个梯子的长为 a,梯子的脚位于点 P,将该梯子的顶端放于一堵墙上的点 Q 处时,Q 离开地面的高度为 k,梯子的倾斜角为 $45°$;将该梯子的顶端放于另一堵墙上的点 R 处时,R 离开地面的高度为 h,且此时梯子的倾斜角为 $75°$,则小巷的宽度等于( ).

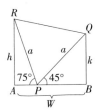

第 22 题图

(A) a (B) RQ (C) k (D) $\dfrac{h+k}{2}$ (E) h

23. 一个三角形的三边的长度为相继的三个整数,其最大角为最小角的二倍,则最小角的余弦为( ).

(A) $\dfrac{3}{4}$ (B) $\dfrac{7}{10}$ (C) $\dfrac{2}{3}$ (D) $\dfrac{9}{14}$

(E) 上述数值都不对

24. 如图所示,一个圆与一个正三角形的三边交于六点,已知 $AG=2, GF=13, FC=1, HJ=7$,则 DE 等于( ).

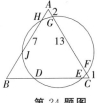

第 24 题图

(A)$2\sqrt{22}$　(B)$7\sqrt{3}$　(C)9　(D)10　(E)13

25. 如图为城市的某部分的地图,小的长方形表示街块(注:一个街块表示东西向2个相邻街道之间及南北向2个相邻街道之间的区域),其余部分表示街道.每天早上,某个学生总是从街口点 A 走到街口点 B,其行走方向总是向东或向南,在每一个街口,他以 $\frac{1}{2}$ 的概率来选择向东或向南(独立于其他街口处的选择).那么,在某一天早上,该学生通过街口 C 的概率为(　　).

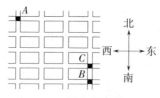

第25题图

(A)$\frac{11}{32}$　(B)$\frac{1}{2}$　(C)$\frac{4}{7}$　(D)$\frac{21}{32}$　(E)$\frac{3}{4}$

26. 在八进制的数字表示中,一个完全平方数为 $ab3c$,其中 $a\neq 0$,则 c 为(　　).

(A)0　(B)1　(C)3　(D)4　(E)并非唯一确定

27. 设 $z=a+bi(i^2=-1)$ 是下列多项式 $c_4z^4+ic_3z^3+c_2z^2+ic_1z+c_0=0$ 的解,其中 c_0,c_1,c_2,c_3,c_4,a,b 均为实常数,则下列数中哪一个也必为上述方程的解(　　).

(A)$-a-bi$　　(B)$a-bi$　　(C)$-a+bi$

(D)$b+ai$　　(E)上述数值均不对

28. 在黑板上从1开始,写出一组相继的正整数,然后擦去了一个数,其余数的平均值为 $35\frac{7}{17}$. 问擦去的数是什么数( ).

(A)6 (B)7 (C)8 (D)9 (E)不能确定

29. 设 x,y,z 为三个正实数,其和为1,又三数中的任何一个数不超过另一个数的两倍,则乘积 xyz 所可能取的数值之中,最小值为( ).

(A)$\frac{1}{32}$ (B)$\frac{1}{36}$ (C)$\frac{4}{125}$ (D)$\frac{1}{127}$

(E)上述数值都不对

30. 设 $x=(15+\sqrt{220})^{19}+(15+\sqrt{220})^{82}$,则数 x 的十进制展开式中的个位数为( ).

(A)0 (B)2 (C)5 (D)9 (E)上述数值都不对

2 第二部分 解答

1. 因为 $x^3-2=x(x^2-2)+(2x-2)$,所以余项为 $2x-2$.

答案:(E).

2. $\frac{1}{4}(8x+2)=2x+\frac{1}{2}$.

答案:(A).

3. 因为 $x=2$ 时,$x^x=4$,所以 $(x^x)^{(x^x)}=4^4=256$.

答案:(C).

4. 设半径为 R,则 $2R+\pi R=\frac{1}{2}\pi R^2$,所以

$$R=\frac{4+2\pi}{\pi}=\frac{4}{\pi}+2$$

答案:(E).

5. 因为 $b>a>0, \dfrac{x}{y}=\dfrac{a}{b}$，所以 $x<y$，且 $\dfrac{x}{x+y}=\dfrac{a}{a+b}$.

又因为 $x+y=c$，所以 $x=\dfrac{ac}{a+b}$.

答案：(C).

6. 设已知凸多边形的边数为 n，则
$$0°<(n-2)\cdot 180°-2\,570°<180°$$
$$2\,570°<(n-2)\cdot 180°<2\,750°$$

即 $14\dfrac{5}{18}<(n-2)<15\dfrac{5}{18}$. 因为 $n-2\in \mathbf{N}$，所以 $n-2=15, n=17$. 于是所求角为 $15\times 180°-2\,570°=130°$.

答案：(D).

7. 因为
$$x*(y+z)=(x+1)(y+z+1)-1=xy+xz+x+y+z$$
$$(x*y)+(x*z)=[(x+1)(y+1)-1]+[(x+1)(z+1)-1]=xy+xz+2x+y+z$$

所以 $\quad x*(y+z)\not\equiv (x*y)+(x*z)$

答案：(B).

8. 因为 $2\dbinom{n}{2}=\dbinom{n}{1}+\dbinom{n}{3}$，即
$$n(n-1)=n+\dfrac{n(n-1)(n-2)}{6}$$

又因为 $n>3$，所以
$$n-1=1+\dfrac{(n-1)(n-2)}{6}$$
$$n-2=\dfrac{(n-1)(n-2)}{6}$$

$$1=\frac{n-1}{6}, n=7$$

答案:(B).

9. $S_{\triangle ABC}=\frac{1}{2}\times 8\times 1=4$.

设直线方程是 $x=a, 1<a<9$. 因为 AC 的直线方程为 $y=\frac{1}{9}x$,所以 BC 及 AC 与直线 $x=a$ 的交点是 $D(a,1), E\left(a,\frac{a}{9}\right)$,故

$$S_{\triangle DCE}=\frac{1}{2}(9-a)\left(1-\frac{a}{9}\right)=2$$

解之,得 $a=3$.

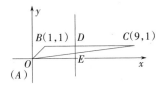

第9题答案图

答案:(B).

10. 由题设知,$\angle MBO=\angle OBC=\angle BOM$,因为 $MO=MB$. 同理 $NO=NC$,所以 $\triangle AMN$ 的周长 $=AB+AC=30$.

答案:(A).

11. 设符合要求的四位数为 $\overline{abcd}$,a 不能取 0. 当 a 取 1,8,9 时,d 只能相应的取 3,6,7;当 a 取 2,3,4,5,6,7 中任一个数时,d 都有两种取法. 至于数组 $\overline{bc}$ 的取法为剩下 8 个数码中任取两个的排列. 故符合条件的四位数有 $3\times A_8^2+6\times 2\times A_8^2=840$ 个.

答案:(C).

12. 因为
$$f(-7)=-a\cdot 7^7-b\cdot 7^3-c\cdot 7-5=7$$
$$a\cdot 7^7+b\cdot 7^3+c\cdot 7=-12$$
所以
$$f(7)=a\cdot 7^7+b\cdot 7^3+c\cdot 7-5=-12-5=-17$$
答案：(A).

13. 因为 $P=\log_a(\log_b a)$，所以 $a^P=\log_b a$.
答案：(D).

14. 联结 PG，且自 N 作 EF 的垂线，垂足为 Q，则 $PG=15$，且 $\dfrac{NQ}{PG}=\dfrac{AN}{AP}=\dfrac{45}{75}=\dfrac{3}{5}$，所以 $NQ=9$，$EF=2\sqrt{NF^2-NQ^2}=2\sqrt{15^2-9^2}=24$.
答案：(C).

15. 将两个方程相减，得
$$2[x]-3[x-2]-2=0$$
因为 $[x-2]=[x]-2$，所以 $[x]=4$，$y=11$. 因 x 不是整数，故 $15<x+y<16$.
答案：(D).

16. 整个表面积为
$$6\times(3^2-1^2)+6\times 4\times 1\times 1=72(\text{平方米})$$
答案：(B).

17. 原方程即 $9\cdot 3^{2x}-28\cdot 3^x+3=0$，将它视作以 3^x 为未知数的一元二次方程，$\Delta=28^2-4\times 9\times 3>0$，$3^x$ 有两个相异正实数解，从而 x 有两个实数解.
答案：(C).

18. 不妨设 $BH=2a$，则由题设易得 $BC=a$，$CH=CD=\sqrt{3}a$，所以 $DH=\sqrt{2}\cdot\sqrt{3}a=\sqrt{6}a$，$BD=2a$，于是

$$\cos\angle BHD = \frac{(2a)^2+(\sqrt{6}a)^2-(2a)^2}{2\cdot 2a\cdot\sqrt{6}a} = \frac{\sqrt{6}}{4}$$

答案:(D).

19. 由折线段的单调性,可知 $f(x)$ 在 $[2,8]$ 上的最大值 M,最小值 m 只能在 $x=2,3,4,8$ 四点达到. 计算得 $f(2)=0, f(3)=2, f(4)=0, f(8)=0$. 所以 $M+m=2+0=2$.

答案:(B).

20. 由 $x^2+y^2=x^3$ 得 $y^2=x^2(x-1)$,所以只要 $x-1$ 为自然数的平方 k^2,即

$$x=k^2+1, y=k(k^2+1)$$

则符合要求. 故满足已知方程的正整数对 (x,y) 有无限多个.

答案:(D).

21. 由题设,$S^2=BC^2=BG\cdot BN=\frac{2}{3}(BN)^2$,所以 $BN=\frac{\sqrt{6}}{2}S$.

答案:(E).

22. 由题设知,$\angle RPQ=180°-45°-75°=60°$,所以 $\triangle PQR$ 为正三角形. 又 $\triangle PBQ$ 为等腰直角三角形,所以 R,B 均在 PQ 的中垂线上,$\angle RBA=45°$,$AB=AR=h$.

答案:(E).

23. 设三角形三边长为 $x-1, x, x+1$,则 $x-1$ 所对的角 α 必是最小角. 而 $x+1$ 所对的角必是最大角 2α. 由正弦定理,$\frac{x+1}{\sin 2\alpha}=\frac{x-1}{\sin\alpha}$,所以 $\cos\alpha=$

$\dfrac{x+1}{2(x-1)}$. 又由余弦定理

$$\cos\alpha = \dfrac{x^2+(x+1)^2-(x-1)^2}{2x(x+1)} = \dfrac{x+4}{2(x+1)}$$

于是

$$\dfrac{x+1}{2(x-1)} = \dfrac{x+4}{2(x+1)}$$

解得 $x=5$.

所以
$$\cos\alpha = \dfrac{3}{4}$$

答案:(A).

24. 由割线定理可得
$$AH \cdot (AH+7) = AG \cdot AF = 30$$

所以 $AH=3$.

又因为 $AC=AB$,所以 $BJ=(1+13+2)-(3+7)=6$.

设 $BD=x$, $CE=y$,则由割线定理得
$$\begin{cases} BD \cdot BE = BJ \cdot BH \\ CE \cdot CD = CF \cdot CG \end{cases}$$

即
$$\begin{cases} x(16-y) = 6\times 13 \\ y(16-x) = 1\times 14 \end{cases}$$

相减得 $16x-16y=64$, $x=y+4$. 于是
$$y[16-(y+4)]=14,\ y^2-12y+14=0$$

因为 $x+y=2y+4<16$,所以 $y<6$. 于是解得
$$y=6-\sqrt{22}$$
$$x+y=2y+4=16-2\sqrt{22}$$
$$DE=16-(x+y)=2\sqrt{22}$$

答案:(A).

25. 由 A 到 B 需选择走向 6 次,每次从东、南二者中取

一,共有 $2^6=64$(种)可能(虽在右或下边界的街口,并不需要选择走向,但为计算方便,形式上仍作选择.实际上走向与选择无关).若 6 次选向中,至少有 3 次向东,则必过街口 C,其走法共有 $C_6^6+C_6^5+C_6^4+C_6^3=42$(种).所以过 C 的概率为 $\frac{42}{64}=\frac{21}{32}$.

答案:(D).

26. $n^2=a\cdot 8^3+b\cdot 8^2+3\cdot 8+c(0\leqslant c\leqslant 7)$.若 n 为偶数,则 n^2 为 4 的倍数,所以 $c=0$ 或 4.若 $c=0$,则 $n^2=8(a\cdot 8^2+b\cdot 8+3)$ 是 8 的奇数倍,因而不是完全平方数;若 $c=4$,则 $n^2=4(2a\cdot 8^2+2b\cdot 8+7)$,但 $2a\cdot 8^2+2b\cdot 8+7$ 是奇数,且除以 8 余 7.故不能为奇数的平方,即 $c=4$ 也不可能.所以 n 为奇数,n^2 除以 8 余 1,$c=1$.

答案:(B).

27. 原方程可变形成 $c_4(iz)^4-c_3(iz)^3-c_2(iz)^2+c_1(iz)+c_0=0$,所以 $x=iz$ 是实系数四次方程 $c_4x^4-c_3x^3-c_2x^2+c_1x+c_0=0$ 的根,因而 $\overline{x}=\overline{iz}$ 也应是它的根,$\frac{\overline{x}}{i}=-\overline{z}=-a+bi$ 必是原方程的解.

答案:(C).

28. 设 $1,2,\cdots,n$ 中擦去 k,平均数为 $35\frac{7}{17}$,那么

$$\frac{n}{2}=\frac{1+2+\cdots+n-n}{n-1}\leqslant\frac{1+2+\cdots+n-k}{n-1}=$$

$$35\frac{7}{17}\leqslant\frac{1+2+\cdots+n-1}{n-1}=\frac{n+2}{2}$$

所以 $68\frac{14}{17}\leqslant n\leqslant 70\frac{14}{17}$.因为 $n\in\mathbf{N}$,所以 $69\leqslant n\leqslant$

70.

又因为 $n-1$ 必是 17 的倍数,所以 $n=69$.

再由 $\dfrac{1+2+\cdots+69-k}{68}=35\dfrac{7}{17}$,即 $\dfrac{2\,415-k}{68}=\dfrac{602}{17}$,

得 $k=7$.

答案:(B).

29. 不妨设 $x\leqslant y\leqslant z$,由题设知 $z\leqslant 2x$. 先固定 y,则 $x+z=1-y$. 令

$$x=\dfrac{1-y}{2}-t, z=\dfrac{1-y}{2}+t, 0\leqslant t<\dfrac{1-y}{2}$$

那么

$$xyz=y\left[\left(\dfrac{1-y}{2}\right)^2-t^2\right]$$

为了使 xyz 最小,必须 t 最大.

因为 $2t=z-x\leqslant 2x-x=x$,所以要 xyz 最小,必须 $2t=x, z=2x$,此时 $y=1-3x$. 由 $x\leqslant 1-3x\leqslant 2x$ 得 $\dfrac{1}{5}\leqslant x\leqslant \dfrac{1}{4}$. 现在问题转化成在 $\left[\dfrac{1}{5},\dfrac{1}{4}\right]$ 上求函数 $f(x)=xyz=x(1-3x)\cdot 2x=2x^2(1-3x)$ 的最小值. 依照三次曲线 $y=f(x)$ 在 $\left[0,\dfrac{1}{3}\right]$ 上只有唯一的极大值的特点,$f(x)$ 在 $\left[\dfrac{1}{5},\dfrac{1}{4}\right]$ 上的最小值只能在区间的端点上取到.

因为 $f\left(\dfrac{1}{5}\right)=\dfrac{4}{125}, f\left(\dfrac{1}{4}\right)=\dfrac{1}{32}$,所以 xyz 的最小值为 $\dfrac{1}{32}$.

答案:(A).

30. 由二项式定理知,对任意自然数 n

$$(15+\sqrt{220})^n+(15-\sqrt{220})^n=$$
$$2[15^n+C_n^2(15)^{n-2}\cdot 220+\cdots]$$

为整数,且个位数为 0. 因此 $x+(15-\sqrt{220})^{19}+(15-\sqrt{220})^{82}$ 是个位数为 0 的整数.

因为
$$15-\sqrt{220}=\frac{5}{15+\sqrt{220}}<\frac{5}{25}=0.2$$

所以
$$(15-\sqrt{220})^{82}<(15-\sqrt{220})^{19}<0.2^{19}<0.01$$
$$(15-\sqrt{220})^{19}+(15-\sqrt{220})^{82}<0.02$$

故 x 的个位数为 9.

答案:(D).

1983 年试题

第 3 章

1 第一部分 试题

1. 若 $x \neq 0$, $\dfrac{x}{2} = y^2$, $\dfrac{x^2}{4} = 4y$, 则 x 等于 (   ).

   (A) 8　　(B) 16　　(C) 32
   (D) 64　　(E) 128

2. P 是平面上的圆 C 外的一点, 圆 C 上距 P 为 3 cm 的点至多有 (   ).

   (A) 1 个　　(B) 2 个　　(C) 3 个
   (D) 4 个　　(E) 8 个

3. 三个质数 p, q 和 r, 满足 $p+q=r$ 以及 $1 < p < q$, 则 p 等于 (   ).

   (A) 2　　(B) 3　　(C) 7
   (D) 13　　(E) 17

4. 如图, 在平面图形中, 边 AF 与 CD 平行, AB 与 FE 平行, BC 与 ED 平行, 各边长度为 1, 且 $\angle FAB = \angle BCD = 60°$. 该图形的面积是 (   ).

(A)$\frac{\sqrt{3}}{2}$ (B)1 (C)$\frac{3}{2}$ (D)$\sqrt{3}$ (E)2

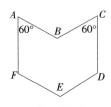

第4题图

5. 在 △ABC 中,∠C 为直角. 如果 $\sin A=\frac{2}{3}$,那么 $\tan B$ 是( ).

(A)$\frac{3}{5}$ (B)$\frac{\sqrt{5}}{3}$ (C)$\frac{2}{\sqrt{5}}$ (D)$\frac{\sqrt{5}}{2}$ (E)$\frac{5}{3}$

6. 把 $x^5, x+\frac{1}{x}, 1+\frac{2}{x}+\frac{3}{x^2}$ 相乘,其积是一个多项式,该多项式的次数是( ).
 (A)2 (B)3 (C)6 (D)7 (E)8

7. Alice 以低于牌价 10 元的价格售出一物并得到售价的 10% 作为佣金. Bob 以低于牌价 20 元的价格售出同一物并得到售价的 20% 作为佣金. 若两人得到的佣金相同,则此物的牌价是( ).
 (A)20 元 (B)30 元 (C)50 元 (D)70 元
 (E)100 元

8. 令 $f(x)=\frac{x+1}{x-1}$,当 $x^2\neq 1$ 时,$f(-x)$ 等于( ).
 (A)$\frac{1}{f(x)}$ (B)$-f(x)$ (C)$\frac{1}{f(-x)}$
 (D)$-f(-x)$ (E)$f(x)$

9. 在某项人口统计中妇女人数与男子人数之比为

11:10. 若妇女的平均年龄(算术平均)为 34 岁,男子的平均年龄为 32 岁,则该项人口统计中的平均年龄是( ).

(A)$32\frac{1}{10}$ (B)$32\frac{20}{21}$ (C)33

(D)$33\frac{1}{21}$ (E)$33\frac{1}{10}$

10. 线段 AB 既是一个半径为 1 的圆的直径,又是等边 $\triangle ABC$ 的一条边,该圆分别交 AC 与 BC 于点 D 和 E,AE 的长度是( ).

(A)$\frac{3}{2}$ (B)$\frac{5}{3}$ (C)$\frac{\sqrt{3}}{2}$ (D)$\sqrt{3}$ (E)$\frac{2+\sqrt{3}}{2}$

11. 化简 $\sin(x-y)\cos y + \cos(x-y)\sin y$,得到( ).

(A)1 (B)$\sin x$ (C)$\cos x$ (D)$\sin x \cos 2y$

(E)$\cos x \cos 2y$

12. 若 $\log_7(\log_3(\log_2 x)) = 0$,则 $x^{-\frac{1}{2}}$ 等于( ).

(A)$\frac{1}{3}$ (B)$\frac{1}{2\sqrt{3}}$ (C)$\frac{1}{3\sqrt{3}}$ (D)$\frac{1}{\sqrt{42}}$

(E)不同于(A)~(D)的另一数

13. 若 $xy = a, xz = b, yz = c$,且这些量均不为零,则 $x^2 + y^2 + z^2$ 等于( ).

(A)$\frac{ab + ac + bc}{abc}$ (B)$\frac{a^2 + b^2 + c^2}{abc}$

(C)$\frac{(a+b+c)^2}{abc}$ (D)$\frac{(ab+ac+bc)^2}{abc}$

(E)$\frac{(ab)^2 + (ac)^2 + (bc)^2}{abc}$

14. $3^{1001} \times 7^{1002} \times 13^{1003}$ 的个位数是( ).

(A)1　(B)3　(C)5　(D)7　(E)9

15. 三个球分别标上号码 1,2,3 放在一瓮中,摸出一个球记下其号码再放回去,这样的过程一共进行三次,在每一次摸球过程中,任一个球被摸出的机会是相等的.若记下的号码之和是 6,三次摸出的都是 2 号球的概率是(　　).

   (A)$\dfrac{1}{27}$　(B)$\dfrac{1}{8}$　(C)$\dfrac{1}{7}$　(D)$\dfrac{1}{6}$　(E)$\dfrac{1}{3}$

16. 令 $x=0.123456789101112\cdots998999$,其中的数字是由依次写下整数 1 至 999 得到的.小数点右边第 1 983 位数字是(　　).

    (A)2　(B)3　(C)5　(D)7　(E)8

17. 如图上标出了复平面上的几个复数.其中的圆是圆心在原点的单位圆.在这些数中哪一个是 F 的倒数(　　).

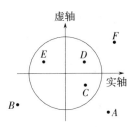

第 17 题图

    (A)A　(B)B　(C)C　(D)D　(E)E

18. 设 f 是多项式函数,对一切实数 x 均有
$$f(x^2+1)=x^4+5x^2+3$$
对一切实数 x,$f(x^2-1)$ 等于(　　).

    (A)x^4+5x^2+1　　(B)x^4+x^2-3
    (C)x^4-5x^2+1　　(D)x^4+x^2+3

(E)不同于(A)~(D)的多项式

19. D 是 $\triangle ABC$ 的边 CB 上的一点. 若 $\angle CAD = \angle DAB = 60°, AC = 3, AB = 6$, 则 AD 的长度是( ).

(A)2 (B)2.5 (C)3 (D)3.5 (E)4

20. 若 $\tan\alpha$ 和 $\tan\beta$ 是 $x^2 - px + q = 0$ 的两根, $\cot\alpha$ 和 $\cot\beta$ 是 $x^2 - rx + s = 0$ 的两根, 则 rs 必定是( ).

(A)pq (B)$\dfrac{1}{pq}$ (C)$\dfrac{p}{q^2}$ (D)$\dfrac{q}{p^2}$ (E)$\dfrac{p}{q}$

21. 从下列各数中找出最小的正数, 这个数应是( ).

(A)$10 - 3\sqrt{11}$ (B)$3\sqrt{11} - 10$
(C)$18 - 5\sqrt{13}$ (D)$51 - 10\sqrt{26}$
(E)$10\sqrt{26} - 51$

22. 考察两个函数 $f(x) = x^2 + 2bx + 1$ 和 $g(x) = 2a(x+b)$, 其中变量 x 和常数 a, b 均为实数. 每一对这样的实数 (a, b) 可视作 ab-平面上的一点. 令 S 是使得 $y = f(x)$ 和 $y = g(x)$ 不相交(在 xy-平面上)的 (a, b) 的集合. S 的面积是( ).

(A)1 (B)π (C)4 (D)4π (E)无限大

23. 如图, 五圆依次相切, 且与直线 L_1 和 L_2 相切. 如果最大圆的半径是 18, 最小圆的半径是 8, 那么中间的一个圆的半径是( ).

(A)12 (B)12.5 (C)13 (D)13.5 (E)14

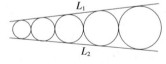

第 23 题图

24. 有多少个互不全等的直角三角形满足以下条件：其周长（以厘米为单位）和面积（以平方厘米为单位）在数值上相等（   ）.
    (A)没有 (B)1 (C)2 (D)4 (E)无穷多个

25. 如果 $60^a=3, 60^b=5$，那么 $12^{\frac{(1-a-b)}{2(1-b)}}$ 的值是（   ）.
    (A)$\sqrt{3}$ (B)2 (C)$\sqrt{5}$ (D)3 (E)$\sqrt{12}$

26. 事件 A 发生的概率是 $\frac{3}{4}$，事件 B 发生的概率是 $\frac{2}{3}$. 设 p 是 A 和 B 都发生的概率，必定包含 p 的最小区间是（   ）.
    (A)$\left[\frac{1}{12},\frac{1}{2}\right]$ (B)$\left[\frac{5}{12},\frac{1}{2}\right]$ (C)$\left[\frac{1}{2},\frac{2}{3}\right]$
    (D)$\left[\frac{5}{12},\frac{2}{3}\right]$ (E)$\left[\frac{1}{12},\frac{2}{3}\right]$

27. 在有太阳的时候，一个大球放在水平的地面上. 在某一时刻，球的影子伸展到与球的地面接触点相距 10 m 处. 又在同一时刻，一根一端接触地面且垂直放置的米尺（长 1 m）的影子的长度为 2 m，以米为单位，球的半径是多少米（设阳光是平行的，米尺可看作为一线段）（   ）.
    (A)$\frac{5}{2}$ (B)$9-4\sqrt{5}$ (C)$8\sqrt{10}-23$
    (D)$6-\sqrt{15}$ (E)$10\sqrt{5}-20$

28. 如图所示的 $\triangle ABC$ 的面积是 10. 点 D, E, F 与 A, B, C 都不重合，分别在边 AB, BC 和 CA 上，且 $AD=2, DB=3$. 若 $\triangle ABE$ 和四边形 $DBEF$ 有相同的面积，则此面积是（   ）.
    (A)4   (B)5   (C)6   (D)$\frac{5}{3}\sqrt{10}$

(E)不能唯一确定

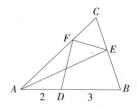

第28题图

29.点 P 落在给定的边长为1的正方形的同一平面上.令正方形的顶点按逆时针方向排列为 A,B,C,D,并令 P 到 A,B,C 的距离分别为 u,v,w.若 $u^2+v^2=w^2$,则 P 到 D 的最大距离是(   ).

(A)$1+\sqrt{2}$ (B)$2\sqrt{2}$ (C)$2+\sqrt{2}$

(D)$3\sqrt{2}$ (E)$3+\sqrt{2}$

30.如图,在圆心为 C,直径为 MN 的半圆上有不同的两点 A 和 B.点 P 在 CN 上,$\angle CAP=\angle CBP=10°$.若 $\overset{\frown}{MA}=40°$,则 $\overset{\frown}{BN}$ 等于(   ).

(A)$10°$ (B)$15°$ (C)$20°$ (D)$25°$ (E)$30°$

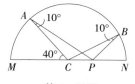

第30题图

2 第二部分 解答

1.对 y^2 解两个方程,得 $y^2=\dfrac{x}{2}=\dfrac{x^2}{256}$. 由于 $x\neq 0$,所以

$x = \dfrac{256}{2} = 128.$

答案:(E).

2. 问题中的点就是原来的圆 C 与以 P 为圆心, 3 cm 为半径的圆的交点. 两个不同的圆的交点最多有两个.

答案:(B).

3. p 和 q 不能都是奇数, 因为这样 r 将是大于 2 的偶质数, 这不可能. 于是 p 和 q 中有一个是 2. 因为 $1 < p < q$, 所以 p 是 2.

答案:(A).

4. 作直线 BF, BE 和 BD. 得到四个边长为 1 的等边三角形. (例如, $\triangle FAB$ 就是等边三角形. 这是因为 $AF = AB = 1$, 且 $\angle A = 60°$) 于是总面积是 $4 \times \dfrac{\sqrt{3}}{4} = \sqrt{3}$.

答案:(D).

5. 如图, $\sin A = \dfrac{BC}{AB} = \dfrac{2}{3}$, 所以对某个 $x > 0$, $BC = 2x$, $AB = 3x$. 以及 $AC = \sqrt{(AB)^2 - (BC)^2} = \sqrt{5}\,x$, 于是 $\tan B = \dfrac{AC}{BC} = \dfrac{\sqrt{5}}{2}$.

第 5 题答案图

答案:(D).

6. 根据定义, (关于 x 的) 多项式是形如 $a_n x^n + a_{n-1} x^{n-1} + \cdots + a_0$ 的表达式, 其中各个 a_i ($0 \leqslant i \leqslant n$) 都是

常数，$a_n \neq 0$. x 的最高次幂 n 定义为次数. 由于
$$x^2\left(x+\frac{1}{x}\right)\left(1+\frac{2}{x}+\frac{3}{x^2}\right) = x^2(x^2+1)(x^2+3x+3)$$
所以实际上不必再做乘法就可以看出(将右边各因式的次数相加)乘积是六次多项式.

答案：(C).

7. 设牌价是 x 元. 于是
$$0.1(x-10) = 0.2(x-20)$$
即
$$x - 10 = 2x - 40$$
所以
$$x = 30$$
答案：(B).

8. 由题意得
$$f(-x) = \frac{-x+1}{-x-1} = \frac{x-1}{x+1} = \frac{1}{\left(\frac{x+1}{x-1}\right)} = \frac{1}{f(x)}$$

答案：(A).

9. 设 w 是妇女人数，m 是男子人数. 由题意，对某个 x 有 $w = 11x$, $m = 10x$；又 $34w$ 是妇女的年龄之和，$32m$ 是男子的年龄之和. 于是全体男女年龄的平均数是
$$\frac{34 \times 11x + 32 \times 10x}{11x + 10x} = \frac{34 \times 11 + 32 \times 10}{21} = \frac{694}{21} = 33\frac{1}{21}$$
注：除了上面一行中最左边的表达式以外，如果恰好是 11 名妇女和 10 名男子，那么算出的平均数也相同.

答案：(D).

10. 如图，因为 AB 是直径，所以 $\angle AEB = 90°$. 于是 AE 是等边 $\triangle ABC$ 的高. 推得 $\triangle ABE$ 是含有 $30°$ 角的直角三角形，并且 $AE = AB \cdot \frac{\sqrt{3}}{2} = \sqrt{3}$.

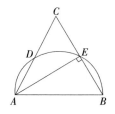

第10题答案图

答案:(D).

11. 设 $w=x-y$,于是已知表达式可转化为
$$\sin w\cos y+\cos w\sin y=\sin(w+y)=\sin x$$
答案:(B).

12. 因为
$$\log_7(\log_3(\log_2 x))=0 \Rightarrow \log_3(\log_2 x)=1$$
$$\Rightarrow \log_2 x=3 \Rightarrow x=2^3=8$$
所以
$$x^{-\frac{1}{2}}=\frac{1}{\sqrt{8}}=\frac{1}{2\sqrt{2}}$$

答案:(E).

13. 注意到 $abc=x^2y^2z^2=x^2c^2$,所以 $x^2=\dfrac{ab}{c}$. 同理, $y^2=\dfrac{ac}{b}, z^2=\dfrac{bc}{a}$,于是
$$x^2+y^2+z^2=\frac{ab}{c}+\frac{ac}{b}+\frac{bc}{a}=\frac{(ab)^2+(ac)^2+(bc)^2}{abc}$$

答案:(E).

14. 解法一:考虑3,7和13的前若干次幂:

一次幂	3	7	13
二次幂	9	49	169
三次幂	27	343	⋯7
四次幂	81	⋯1	⋯1
五次幂	243	⋯7	⋯3

显然,在以上各种情况下,个位数都是每隔四次循环出现一次.如果幂是 4 的倍数,则个位数是 1. 设 $u(n)$ 是 n 的个位数. 因为 4 整除 1 000,所以
$$u(3^{1\,001})=u(3^1)=3, u(7^{1\,002})=u(7^2)=9$$
$$u(13^{1\,003})=u(13^3)=7$$
于是 $u(3^{1\,001}\times 7^{1\,002}\times 13^{1\,003})=u(3\times 9\times 7)=9$.

注:若用同余式,则这种解法的表达可简短得多.

解法二:无论是 $7\times 13=91$ 还是 $3^4=81$,它们的幂的个位数都是 1,于是 $3^{1\,001}\times 7^{1\,002}\times 13^{1\,003}=3\times 13\times 81^{250}\times 91^{1\,002}$. 它的个位数显然是 9.

答案:(E).

15. 总和为 6 的情况可由 7 种等可能的有序的三数组 $(1,2,3),(1,3,2),(2,1,3),(2,3,1),(3,1,2),(3,2,1)$ 和 $(2,2,2)$ 得到,因此答案是 $\frac{1}{7}$.

答案:(C).

16. 设 z 表示小数点后第 1 983 个数字,则我们可将从小数点后第 1 个数字到 z 这个数字所成的这一串数字分成三段,即

$$\underbrace{123456789}_{A}\underbrace{1011\cdots 9899}_{B}\underbrace{100101\cdots z}_{C}$$

A 段中有 9 个数字,B 段中有 $2\times 90=180$(个)数字,于是 C 段中有 $1\,983-189=1\,794$(个)数字. 将 1 794 除以 3,得商 598,余数为 0. 于是 C 段由前 598 个三位数组成. 由于第一个三位数是 100(不是 101 或 001),第 598 个三位数是 697,于是 $z=7$.

答案:(D).

17. 解法一:把 F 写成 $a+bi$ 的形式. 从题图中可以看出 $a,b>0, a^2+b^2>1$,因为

$$\frac{1}{a+b\mathrm{i}}=\frac{a-b\mathrm{i}}{a^2+b^2}=\frac{a}{a^2+b^2}-\frac{b}{a^2+b^2}\mathrm{i}$$

我们可以看到 F 的倒数在第四象限. 这是因为上式右边的复数的实部为正, 虚部的系数为负, 并且该倒数的模是

$$\frac{1}{\sqrt{a^2+b^2}}\sqrt{a^2+(-b)^2}=\frac{1}{\sqrt{a^2+b^2}}<1$$

于是只可能是点 C.

解法二: 对于任何复数 $z\neq 0$, $\frac{1}{z}$ 的辐角是 z 的辐角的相反数, $\frac{1}{z}$ 的模是 z 的模的倒数, 将这一结论用于点 F, 它的倒数必在第四象限, 且在单位圆内, 故只可能是点 C.

答案: (C).

18. 解法一: 由于 $f(x)$ 是多项式, $f(x^2+1)$ 是四次多项式, 所以 $f(x)$ 是二次多项式, 即 $f(x)=ax^2+bx+c$, 其中 a,b,c 为常数, 并且

$$\begin{aligned}f(x^2+1)&=x^4+5x^2+3=\\ &a(x^2+1)^2+b(x^2+1)+c=\\ &ax^4+(2a+b)x+(a+b+c)\end{aligned}$$

由于当且仅当两个多项式的对应项的系数相等时, 两个多项式相等, 于是我们有 $a=1, 2a+b=5, a+b+c=3$. 解这三个方程得 $f(x)=x^2+3x-1$, 于是 $f(x^2-1)=(x^2-1)^2+3(x^2-1)-1=x^4+x^2-3$.

解法二: 将 x^4+5x^2+3 改写为 x^2+1 的幂的形式

$$\begin{aligned}x^4+5x^2+3&=(x^4+2x^2+1)+(3x^2+3)-1=\\ &(x^2+1)^2+3(x^2+1)-1\end{aligned}$$

于是如设 $w=x^2+1$, 则可得 $f(w)=w^2+3w-1$.

因此,像上面一样,对一切 x 有
$$f(x^2-1)=(x-1)^2+3(x^2-1)-1=x^4+x^2-3$$
答案:(B).

19. 解法一:设 $AD=y$. 由于 AD 平分 $\angle BAC$,所以 $\dfrac{DB}{CD}=\dfrac{AB}{AC}=2$,于是可设 $CD=x,DB=2x$(图(a)). 对 $\triangle CAD$ 和 $\triangle DAB$ 用余弦定理,得
$$x^2=3^2+y^2-3y$$
和
$$(2x)^2=6^2+y^2-6y$$
将第二个方程减去第一个方程的 4 倍得到
$$0=-3y^2+6y=-3y(y-2)$$
因为 $y\neq 0$,所以 $y=2$.

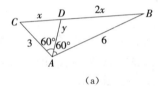

(a)

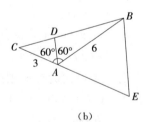

(b)

第 19 题答案图

解法二:延长 CA 到 E 使 $BE \parallel DA$(图(b)),于是 $\triangle ABE$ 是等边三角形.

由于 $\triangle BEC \sim \triangle DAC$,得 $\dfrac{DA}{BE}=\dfrac{CA}{CE}$,或 $\dfrac{DA}{6}=\dfrac{3}{9}$,所

以 $DA=2$.

答案：(A).

20. 解法一：由二次方程的根与系数的关系，得
$$p=\tan\alpha+\tan\beta, q=\tan\alpha\tan\beta, r=\cot\alpha+\cot\beta$$
$$s=\cot\alpha\cot\beta$$

由于
$$\cot\alpha+\cot\beta=\frac{1}{\tan\alpha}+\frac{1}{\tan\beta}=\frac{\tan\alpha+\tan\beta}{\tan\alpha\tan\beta}$$

以及 $\cot\alpha\cot\beta=\dfrac{1}{\tan\alpha\tan\beta}$，得到 $r=\dfrac{p}{q}, s=\dfrac{1}{q}$，于是 $rs=\dfrac{p}{q^2}$.

解法二：一般地，如果方程 $x^2-px+q=0$ 有根 m 和 n，那么方程 $qx^2-pq+1=0$ 有根 $\dfrac{1}{m}$ 和 $\dfrac{1}{n}$. 这两个方程的根互为倒数，将后一方程的两边除以 q，得到 $x^2-\dfrac{p}{q}x+\dfrac{1}{q}=0$，它也有根 $\dfrac{1}{m}$ 和 $\dfrac{1}{n}$. 所以 $r=\dfrac{p}{q}, s=\dfrac{1}{q}, rs=\dfrac{p}{q^2}$.

答案：(C).

21. 由于
$$10^2=100>99>(3\sqrt{11})^2$$
$$18^2=324<325=(5\sqrt{13})^2$$
$$51^2=2\,601>2\,600=(10\sqrt{20})^2$$

所以只有(A)和(D)是正数. 又因为 $a-b=\dfrac{a^2-b^2}{a+b}$，

所以
$$10-3\sqrt{11}=\frac{1}{10+3\sqrt{11}}\approx\frac{1}{20}$$

$$51-10\sqrt{26}=\frac{1}{51+10\sqrt{26}}\approx\frac{1}{102}(最小)$$

答案：(D)．

22. 显然，能使方程
$$x^2+2bx+1=2a(x+b)$$
或等价的方程
$$x^2+2(b-a)x+(1-2ab)=0$$
没有实数根 x 的数组 (a,b) 满足题设要求，由于二次方程 $Ax^2+Bx+C=0$ 当且仅当判别式 B^2-4AC 为负时，没有实数根．所以 (a,b) 的集合 S 满足条件
$$[2(b-a)]^2-4(1-2ab)<0$$
即
$$a^2+b^2<1$$
于是 S 是单位圆（不包括边界），其面积应为 π．

答案：(B)．

23. 我们断言相邻两圆的半径之比为常数，即半径所组成的数列是等比数列，这一比值是 $\sqrt[4]{\frac{18}{8}}$，中间一圆的半径为 $8\sqrt{\frac{18}{8}}=12$．

这一断言是直觉的，因为对于任何相邻两圆来说，图形看上去都相像，只是大小不同．但这要证明．下图中有三个依次外切的圆．它们的圆心 P,Q,R 共线，都在两条切线所成的角的平分线上．设 A,B,C 为切点，设 PS,QT 为平行于上面一条切线的线段（如图）．于是 $\triangle PQS \sim \triangle QRT$．如果设 x,y,z 分别是从小到大的半径，那么 $QS=y-x$，$RT=z-y$．于是由 $\frac{QS}{PQ}=\frac{RT}{QR}$ 变为 $\frac{y-x}{x+y}=\frac{z-y}{y+z}$，化简后为 $y^2=$

xz,或 $\dfrac{y}{x} = \dfrac{z}{y}$. 这一等式说明相邻两圆的半径的比为常数,即我们的断言正确.

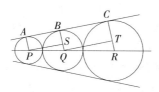

第 23 题答案图

答案:(A).

24. **解法一**:我们将证明,一个三角形的周长和面积之比可以任意改变,只要用一个相似三角形代替原三角形即可. 因此在每一种相似的直角三角形中必存在一个直角三角形,其周长(任意长计单位,如厘米)等于面积(任意面积单位),也就是说,它们的比是 1. 由于有无穷多个不相似的直角三角形,所以存在无穷多个不相似的(因此不全等的)直角三角形而其周长等于面积.

设一个任意的直角三角形的两直角边和斜边的长分别为 a, b 和 c(以厘米为单位). 周长(以厘米为单位)与面积(以平方厘米为单位)的比是

$$r = \dfrac{2(a+b+c)}{ab}$$

现在考虑边长为 ka, kb, kc 的相似三角形. 周长与面积的比为

$$\dfrac{2(ka+kb+kc)}{(ka)(kb)} = \dfrac{1}{k} \cdot \dfrac{2(a+b+c)}{ab} = \dfrac{r}{k}$$

只要取 $k = r$,则在新的三角形中周长等于面积.

解法二:如果 a 和 b 是直角三角形的两条直角边的

长,那么当且仅当

$$\frac{1}{2}ab = a + b + \sqrt{a^2 + b^2}$$

时,面积与周长在数值上相等.这是一个二元方程(a, b 为非负实数).一般地,这种方程有无穷多组解.而且可以预料,不同的解(a, b)可得到不全等的三角形.因此就可相信(E)是正确的.经过完整的分析,可以证明这是正确的,虽然解上述方程(经移项和平方化去根号后)会产生增根,并且满足方程的不同的数对,如$(6, 8)$和$(8, 6)$表示全等的三角形.

答案:(E).

25. 因 $12 = \frac{60}{5} = \frac{60}{60^b} = 60^{1-b}$,所以

$$12^{\frac{1-a-b}{2(1-b)}} = [60^{1-b}]^{\frac{1-a-b}{2(1-b)}} = 60^{\frac{1-a-b}{2}} =$$

$$\sqrt{\frac{60}{60^a 60^b}} = \sqrt{\frac{60}{3 \times 5}} = 2$$

答案:(B).

26. 设 $P(E)$ 为事件 E 发生的概率. 根据容斥原理,可以得 $P(A \cup B) = P(A) + P(B) - P(A \cap B)$. 所以

$$p = P(A \cap B) = P(A) + P(B) - P(A \cup B) =$$

$$\frac{3}{4} + \frac{2}{3} - P(A \cup B)$$

至多有 $P(A \cup B) = 1$,至少有 $P(A \cup B) = \max\{P(A), P(B)\} = \frac{3}{4}$. 所以 $\frac{3}{4} + \frac{2}{3} - 1 \leqslant p \leqslant \frac{3}{4} + \frac{2}{3} - \frac{3}{4}$. 得 $\frac{5}{12} \leqslant P \leqslant \frac{2}{3}$.

注:仅当 A 与 B 独立时,$p = \frac{1}{2}$.

答案:(D).

27. 我们先作所示的图,图中由铅垂面平分球影.由于米尺的影长为 2 m,$AB=5$ m,因此 $AD=5\sqrt{5}$ m. △CEA 相似于△DBA,于是

$$\frac{CE}{AC}=\frac{BD}{AD},\text{或}\frac{r}{5-r}=\frac{10}{5\sqrt{5}}=\frac{2}{\sqrt{5}}$$

所以 $\sqrt{5}r=10-2r$,或 $r=\dfrac{10}{2+\sqrt{5}}=10\sqrt{5}-20$ m.

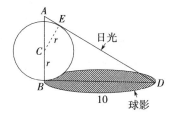

第 27 题答案图

答案:(E).

28. 如图,作直线 DE. 由 $S_{\triangle ABE}=S_{\triangle ADE}+S_{\triangle BDE}$,以及 $S_{\text{四边形}DBEF}=S_{\triangle FDE}+S_{\triangle DBE}$,推出 $S_{\triangle ADE}=S_{\triangle FDE}$.

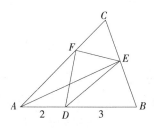

第 28 题答案图

由于这两个三角形有一条公共底 DE,所以该底上的高必相等,也就是说 A 和 F 到直线 DE 的距离相等,所以 AF∥DE. 于是利用相似△ABC 和△DBE,得

$$\frac{EB}{CB}=\frac{DB}{AB}=\frac{3}{5}$$

所以 $S_{\triangle ABE}=\frac{3}{5}S_{\triangle ABC}=6.$

答案：(C).

29. 设正方形被放在坐标平面内如图(a)：D 放在原点使到 D 的距离的代数表达式易于解释. 于是 $u^2+v^2=w^2$ 化为

$$(x-1)^2+y^2+[(x-1)^2+(y-1)^2]=x^2+(y-1)^2$$

化简后为 $x^2-4x+2+y^2=0$，即 $(x-2)^2+y^2=2.$

于是 P 的轨迹是圆心为 $(2,0)$，半径为 $\sqrt{2}$ 的圆. 从图(b)显然可见圆上到 D 的最远的点是 $E(2+\sqrt{2},0)$.

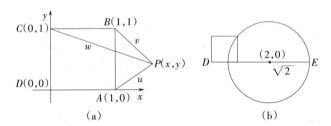

第 29 题答案图

答案：(C).

30. 解法一：如图，在 $\triangle ACP$ 和 $\triangle BCP$ 中，两边及其中一边的对角对应相等，又因为这两个三角形不全等 ($\angle CPA \neq \angle CPB$)，所以必有 $\angle CPA$ 和 $\angle CPB$ 互补. 由 $\triangle ACP$，我们计算

$$\angle CPA=180°-10°-(180°-40°)=30°$$

于是 $\angle CPB=150°$，$\overset{\frown}{BN}\overset{m}{=\!=\!=}\angle PCB=180°-10°-150°=20°.$

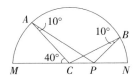

第30题答案图

解法二:因∠CPA=30°,分别对△ACP 和△BCP 用正弦定理,得

$$\frac{\sin 10°}{CP}=\frac{\sin 30°}{AC} \text{ 和 } \frac{\sin 10°}{CP}=\frac{\sin\angle CPB}{BC}$$

因为 $AC=BC$,于是 $\sin\angle CPB=\frac{1}{2}$. 又因为 $\angle CPB\neq\angle CPA$,我们有 $\angle CPB=150°$,于是 $\overset{\frown}{BN}=20°$.

答案:(C).

1984年试题

第 4 章

1 第一部分 试题

1. $\dfrac{1\,000^2}{252^2-248^2}$ 等于( ).

 (A) 62 500 (B) 1 000 (C) 500

 (D) 250 (E) $\dfrac{1}{2}$

2. 若 x,y 和 $y-\dfrac{1}{x}$ 都不为零,则 $\dfrac{x-\dfrac{1}{y}}{y-\dfrac{1}{x}}$ 等于( ).

 (A) 1 (B) $\dfrac{x}{y}$ (C) $\dfrac{y}{x}$

 (D) $\dfrac{x}{y}-\dfrac{y}{x}$ (E) $xy-\dfrac{1}{xy}$

3. 设 x 是满足下列条件的最小正整数:大于1,没有小于10的质因子,又不是质数.则( ).

 (A) $100<x\leqslant 110$ (B) $110<x\leqslant 120$

 (C) $120<x\leqslant 130$ (D) $130<x\leqslant 140$

(E)$140 < x \leq 150$

4. 一矩形与一圆相交,如图所示:$AB=4$,$BC=5$,$DE=3$,则EF等于( ).

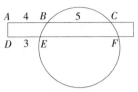

第4题图

(A)6　(B)7　(C)$\dfrac{20}{3}$　(D)8　(E)9

5. 满足 $n^{200} < 5^{300}$ 的最大整数 n 是( ).
(A)8　(B)9　(C)10　(D)11　(E)12

6. 在某学校里,男生是女生的3倍,而女生是教师的9倍. 男生、女生和教师的数目分别用字母 b, g 和 t 表示,则男生、女生和教师的总数可表示为( ).

(A)$31b$　(B)$\dfrac{37}{27}b$　(C)$13g$　(D)$\dfrac{37}{27}g$　(E)$\dfrac{37}{27}t$

7. 当戴夫步行去学校时,他平均每分钟90步,每步75 cm长,他用了 16 min 到达学校. 他的弟弟杰克,去同样的学校,顺着同样的路线,平均每分钟100步,但是他的步长只有 60 cm. 杰克到达学校需用多长时间( ).

(A)$14\dfrac{2}{9}$ min　(B)15 min　(C)18 min

(D)20 min　(E)$22\dfrac{2}{9}$ min

8. 四边形 $ABCD$ 是一梯形,$AB // DC$,$AB=5$,$BC=3\sqrt{2}$,$\angle BCD = 45°$,$\angle CDA = 60°$,DC 的长度是( ).

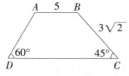

第8题图

(A) $7+\dfrac{2}{3}\sqrt{3}$ (B) 8   (C) $9\dfrac{1}{2}$

(D) $8+\sqrt{3}$ (E) $8+3\sqrt{3}$

9. $4^{16}5^{25}$ 的位数(用十进位制)是( ).

(A) 31   (B) 30   (C) 29   (D) 28   (E) 27

10. 在复平面中,位于一个正方形的四个顶点处的四个复数中的三个是 $1+2i$,$-2+i$ 和 $-1-2i$,第四个是( ).

(A) $2+i$ (B) $2-i$ (C) $1-2i$

(D) $-1+2i$ (E) $-2-i$

11. 某计算机有一个键是作平方运算的,另一个键是做倒数运算的.开始时,只输入一个数 $x\neq 0$,然后轮流地做平方运算与倒数运算各 n 次,最后的结果记为 y.假定此计算机是完全精确的(例如不会四舍五入,也不会因为位数不够而造成差错),则 y 等于( ).

(A) $x^{(-2)^n}$ (B) x^{2n} (C) x^{-2n}

(D) $x^{-(2^n)}$ (E) $x^{(-1)^n \cdot 2^n}$

12. 若数列 $\{a_n\}$ 由 $a_1=2, a_{n+1}=a_n+2n(n\geqslant 1)$ 确定,则 a_{100} 等于( ).

(A) 9 900   (B) 9 902   (C) 9 904

(D) 10 100   (E) 10 102

13. $\dfrac{2\sqrt{6}}{\sqrt{2}+\sqrt{3}+\sqrt{5}}$ 等于( ).

(A)$\sqrt{2}+\sqrt{3}-\sqrt{5}$　　(B)$4-\sqrt{2}-\sqrt{3}$

(C)$\sqrt{2}+\sqrt{3}+\sqrt{6}-5$　　(D)$\frac{1}{2}(\sqrt{2}+\sqrt{5}-\sqrt{3})$

(E)$\frac{1}{3}(\sqrt{3}+\sqrt{5}-\sqrt{2})$

14. 方程 $x^{\lg x}=10$ 的所有实根之积是(　　).

(A)1　(B)-1　(C)10　(D)10^{-1}

(E)不同于(A)~(D)的答案

15. 若 $\sin 2x\sin 3x=\cos 2x\cos 3x$,则 x 的一个值是(　　).

(A)$18°$　(B)$30°$　(C)$36°$　(D)$45°$　(E)$60°$

16. 函数 $f(x)$ 对一切实数 x 满足 $f(2+x)=f(2-x)$. 若方程 $f(x)=0$ 恰好有四个不同的实根,则这些根之和是(　　).

(A)0　(B)2　(C)4　(D)6　(E)8

17. 如图,Rt$\triangle ABC$,斜边为 AB,边 $AC=15$,高 CH 分 AB 成线段 AH 和 HB,$HB=16$,$\triangle ABC$ 的面积是(　　).

(A)120　(B)144　(C)150　(D)216　(E)$144\sqrt{5}$

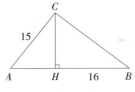

第17题图

18. 在坐标平面内选择一点 (x,y),使得它到 x 轴,y 轴和直线 $x+y=2$ 的距离都相等.则 x 是(　　).

(A)$\sqrt{2}-1$　(B)$\frac{1}{2}$　(C)$2-\sqrt{2}$　(D)1

(E)不唯一确定

19. 一只盒子装有 11 只球,球上分别标有号码 1, 2,…,11. 若随机地同时摸出 6 个球,摸出的球的号码之和是奇数的概率是( ).

(A)$\dfrac{100}{231}$ (B)$\dfrac{115}{231}$ (C)$\dfrac{1}{2}$ (D)$\dfrac{118}{231}$ (E)$\dfrac{6}{11}$

20. 方程 $|x-|2x+1||=3$ 的不同的根的个数是( ).

(A)0 (B)1 (C)2 (D)3 (E)4

21. 满足联立方程
$$\begin{cases} ab+bc=44 \\ ac+bc=23 \end{cases}$$
的正整数组 (a,b,c) 的组数是( ).

(A)0 (B)1 (C)2 (D)3 (E)4

22. 设 a 和 c 是固定的正数,对每一实数 t,(x_t, y_t) 是抛物线 $y=ax^2+tx+c$ 的顶点,对所有的实数 t,顶点 (x_t, y_t) 的全体构成一个集合,把这个集合画成平面上一个图形,则此图形是( ).

(A)一条直线   (B)一条抛物线
(C)一条抛物线的一部分,但不是全部
(D)双曲线的一支
(E)不同于(A)~(D)的答案

23. $\dfrac{\sin 10°+\sin 20°}{\cos 10°+\cos 20°}$ 等于( ).

(A)$\tan 10°+\tan 20°$ (B)$\tan 30°$
(C)$\dfrac{1}{2}(\tan 10°+\tan 20°)$ (D)$\tan 15°$
(E)$\dfrac{1}{4}\tan 60°$

24. 若 a 和 b 是正实数,且方程 $x^2+ax+2b=0$ 和 $x^2+2bx+a=0$ 各有实根,则 $a+b$ 的最小可能值是( ).

(A)2　(B)3　(C)4　(D)5　(E)6

25. 一长方体的所有表面的总面积是 22 cm², 所有棱的总长度是 24 cm. 以厘米为单位,长方体内的任一条对角线的长度是( ).

(A)$\sqrt{11}$　(B)$\sqrt{12}$　(C)$\sqrt{13}$　(D)$\sqrt{14}$

(E)不唯一确定

26. 如图, 在钝角 $\triangle ABC$ 中, $AM=MB$, $MD \perp BC$, $EC \perp BC$. 若 $\triangle ABC$ 的面积是 24, 则 $\triangle BED$ 的面积是( ).

(A)9　(B)12　(C)15　(D)18

(E)不唯一确定

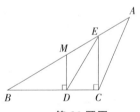

第26题图

27. 如图, 在 $\triangle ABC$ 中, D, F 分别在 AC, BC 上, 且 $AB \perp AC$, $AF \perp BC$, $BD=DC=FC=1$, 则 AC 等于( ).

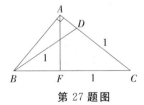

第27题图

(A)$\sqrt{2}$　　(B)$\sqrt{3}$　　(C)$\sqrt[3]{2}$　　(D)$\sqrt[3]{3}$　　(E)$\sqrt[4]{3}$

28. 满足 $0<x<y$ 及 $\sqrt{1\,984}=\sqrt{x}+\sqrt{y}$ 的不同的整数对 (x,y) 的个数是（　　）.

(A)0　　(B)1　　(C)3　　(D)4　　(E)7

29. 对满足 $(x-3)^2+(y-3)^2=6$ 的所有的实数对 (x,y)，$\dfrac{y}{x}$ 的最大值应为（　　）.

(A)$3+2\sqrt{2}$　　(B)$2+\sqrt{3}$　　(C)$3\sqrt{3}$

(D)6　　(E)$6+2\sqrt{3}$

30. 对任何复数 $W=a+bi$，它的模 $|W|$ 定义为实数 $\sqrt{a^2+b^2}$. 若 $W=\cos 40°+i\sin 40°$，则 $|W+2W^2+3W^3+\cdots+9W^9|^{-1}$ 等于（　　）.

(A)$\dfrac{1}{9}\sin 40°$　　(B)$\dfrac{2}{9}\sin 20°$

(C)$\dfrac{1}{9}\cos 40°$　　(D)$\dfrac{1}{8}\cos 20°$

(E)不同于(A)～(D)的答案

2　第二部分　解答

1. $(252+248)(252-248)=500\times 4.$
   答案：(C).

2. 由 $y-\dfrac{1}{x}\neq 0$，得 $xy-1\neq 0$，所以
$$\dfrac{xy-1}{y}\cdot\dfrac{x}{xy-1}=\dfrac{x}{y}$$
   答案：(B).

3. 根据所给条件，可将题目等价变成下面问题：试求一

个最小合数,使得它的任一个质因数都不小于 11,容易求得此数为 121.

答案:(C).

4. 过点 E,F 分别向 AC 作垂线,垂足为 P,Q,则得
$$CQ=PB=AB-DE=4-3=1$$
所以 $$EF=PQ=PB+BC+CQ=7$$

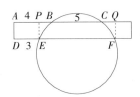

第 4 题答案图

答案:(B).

5. 由于 $n^{200}<5^{300}=(5^{\frac{3}{2}})^{200}=(\sqrt{125})^{200}$,从而问题归结为:求满足 $n<\sqrt{125}$ 的最大整数 n 为多少?不难得到 $n=11$.

答案:(D).

6. 根据题意,得
$$\begin{cases} b=3g \\ g=9t \end{cases}$$
所以
$$b+g+t=b+\frac{b}{3}+\frac{g}{9}=b+\frac{1}{3}b+\frac{1}{9}\cdot\frac{1}{3}b=\frac{37}{27}b$$

答案:(B).

7. 因为戴夫和杰克去学校的路线长为
$$16\times 90\times 75=108\,000(\text{cm})$$
所以杰克到达学校所需时间是
$$\frac{108\,000}{60}\div 100=18(\text{min})$$

8. 过 A,B 分别向 DC 作垂线,垂足为 E,F,则
$$AE=BF=FC, AB=EF$$
在 $\triangle BFC$ 中,$BF=FC=3\sqrt{2} \cdot \sin 45°=3$.

在 $\triangle ADE$ 中,$DE=AE \cdot \cot 60°=3 \cdot \dfrac{\sqrt{3}}{3}=\sqrt{3}$.

所以
$$DC=DE+EF+FC=\sqrt{3}+5+3=8+\sqrt{3}$$

第 8 题答案图

答案:(D).

9. 因为 $4^{16} \times 5^{25} = 2^{32} \times 5^{25} = 2^7 \times 2^{25} \times 5^{25} = 128 \times 10^{25}$,而 10^{25} 为 26 位数,所以 128×10^{25} 为 28 位数.

答案:(D).

10. 如图,点 $(1,2)$ 和点 $(-1,-2)$ 关于原点 O 对称,即点 O 为该正方形的中心.因此第四点必和点 $(-2,1)$ 关于原点 O 对称.可得第四点为 $(2,-1)$,即第四个复数是 $2-i$.

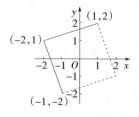

第 10 题答案图

答案:(B).

11. 当 $n=1$ 时, $y=\dfrac{1}{x^2}=x^{-2}$;

当 $n=2$ 时, $y=\dfrac{1}{(x^{-2})^2}=x^{4}$;

当 $n=3$ 时, $y=\dfrac{1}{(x^{4})^2}=x^{-8}$;

当 $n=4$ 时, $y=\dfrac{1}{(x^{-8})^2}=x^{16}$.

于是,当 n 为奇数时, $y=x^{-2^n}$;

当 n 为偶数时, $y=x^{2^n}$.

综合奇偶数的情形,得 $y=x^{(-2)^n}$.

答案:(A).

12. 由递推关系 $a_{n+1}=a_n+2n(n\geqslant 1)$ 可得
$$a_{n+1}-a_n=2n$$
$$a_n-a_{n-1}=2(n-1)$$
$$a_{n-1}-a_{n-2}=2(n-2)$$
$$\vdots$$
$$a_3-a_2=2\times 2$$
$$a_2-a_1=2\times 1$$

将上面 n 个式子相加得

$a_{n+1}-a_1=2(1+2+\cdots+n-1+n)=2\cdot\dfrac{1+n}{2}\cdot n$

即 $\qquad a_{n+1}=n(1+n)+2$

于是 $\qquad a_{100}=a_{99+1}=99\times 100+2=9\,902$

答案:(B).

13. 原式 $=\dfrac{(\sqrt{2}+\sqrt{3})^2-5}{\sqrt{2}+\sqrt{3}+\sqrt{5}}=$

$\dfrac{(\sqrt{2}+\sqrt{3}+\sqrt{5})(\sqrt{2}+\sqrt{3}-\sqrt{5})}{\sqrt{2}+\sqrt{3}+\sqrt{5}}=$

$$\sqrt{2}+\sqrt{3}-\sqrt{5}$$

答案:(A).

14. 因为 $x>0$,所以 $\lg x \cdot \lg x = \lg 10 = 1$,即 $\lg x = \pm 1$,所以 $x_1 = 10, x_2 = \dfrac{1}{10}$.

答案:(A).

15. 由 $\sin 2x \sin 3x = \cos 2x \cos 3x$,得
$$\cos 2x \cos 3x - \sin 2x \sin 3x = 0$$
即
$$\cos(2x+3x) = \cos 5x = 0$$
于是
$$5x = \dfrac{\pi}{2} + k\pi, (k \in \mathbf{N})$$
所以
$$x = \dfrac{\pi}{10} + \dfrac{k\pi}{5} = 18° + 36° \cdot k$$
当 $k=0$ 时,$x=18°$.

答案:(A).

16. 如果 $r_1 = 2+a$ 是方程 $f(x)=0$ 的一个根,那么,根据已知条件 $f(2+x)=f(2-x)$,得 $r_2 = 2-a$ 也是方程 $f(x)=0$ 的一个根.

由此可见,所有不同的根是在 $x=2$ 的左右成对出现,并且关于 $x=2$ 对称(如果 $r=2$ 是方程的根,那么值 $r=2$ 只能与自身对称).

这样,每一对根的和是 4. 同时根据 $f(x)=0$ 恰好有四个不同的根,所以 2 不是方程的根(否则 $f(x)=0$ 只有三个不同的根与题意矛盾). 因此恰好有两对根,且所有根之和是 8.

答案:(E).

17. 解法一:因为
$$CH^2 = 15^2 = AH \cdot AB = AH \cdot (AH+16)$$
$$AH^2 + 16AH - 15^2 = 0$$

68

即 $(AH-9)(AH+25)=0$

所以 $AH=9$

而 $BC^2=HB \cdot BA=HB(HB+HA)=$
$16 \cdot (16+9)=16 \cdot 25$

所以 $BC=20$

于是

$$S_{\triangle ABC}=\frac{1}{2}AC \cdot BC=\frac{1}{2} \cdot 15 \cdot 20=150$$

解法二：$CH^2=AH \cdot HB=9 \cdot 16, CH=12$.

所以 $S_{\triangle ABC}=\frac{1}{2}AB \cdot CH=\frac{1}{2}(9+25) \cdot 12=150$.

答案：(C).

18. 分析：这是一道基本轨迹题.主要利用"到定角的两边距离相等的点的轨迹,是这个角的平分线"这一基本命题,及其角的平分线方程的求法.

解法一：要得到两相交直线等距的点,此点必须在两相交直线的两组对角的角平分线上.于是,到 x 轴和 y 轴等距的点 (x,y),必须在直线 $y=x$ 或 $y=-x$ 上(如图中的虚线 a 和 b).

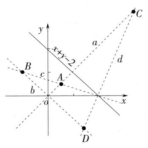

第18题答案图

然而到 x 轴和直线 $x+y=2$ 等距的点 (x,y) 必须

在它的交角的平分线上,则有
$$\frac{|x+y-2|}{\sqrt{2}}=\frac{|y|}{1}$$
即 $x+y-2=\pm\sqrt{y}$

因此,到 x 轴和直线 $x+y=2$ 等距的点 (x,y) 必须在过点 $(2,0)$ 的直线 $x+(1+\sqrt{2})y-2=0$ 或 $x+(1-\sqrt{2})y-2=0$ 上(图中的虚线 c 和 d). 这样,有四个点同时在虚线 a,b,c 和 d 上. 这四个点的 x 轴坐标,按图中 A,B,C,D 的次序为 $2-\sqrt{2}$,$-\sqrt{2}$,$2+\sqrt{2}$ 和 $\sqrt{2}$,所以 x 不是唯一的.

解法二:直线 $x+y=2$ 的坐标轴确定一个三角形. 这三角形有一个内切圆和三个旁切圆,且一个内切圆的圆心和三个旁切圆的圆心,各自都满足到 x 轴,y 轴和 $x+y=2$ 直线等距的条件,因此有四个点,且它们的 x 坐标是全不相同的,所以 x 不唯一.

答案:(E).

19. 根据奇数个奇数之和为奇数这一性质知,要使摸出的 6 只球的号码之和是奇数,那么在这 6 只球中,只能有 1 只标号为奇数的球,$C_6^1 \cdot C_5^5 = 6$;或者有 3 只标号为奇数的球,$C_6^3 \cdot C_5^3 = 200$;或者有 5 只标号为奇数的球,$C_6^5 \cdot C_5^1 = 30$. 又从 11 只球中随机地同时摸出 6 只球,$C_{11}^6 = 462$. 因此,摸出的球的号码之和是奇数的概率是
$$\frac{6+200+30}{462}=\frac{118}{231}$$

答案:(D).

20. 当 $x=-\dfrac{1}{2}$ 时,原方程无解.

若 $x>-\dfrac{1}{2}$ 时,则原方程为
$$|x-(2x+1)|=3,\text{即}|x+1|=3$$
所以 $x_1=2,x_2=-4$(舍去).

若 $x<-\dfrac{1}{2}$ 时,则原方程为
$$|x+2x+1|=3,\text{即}|3x+1|=3$$
所以 $\qquad x_3=\dfrac{2}{3}$(舍去)$,x_4=-\dfrac{4}{3}$

因此,原方程的解为 $x=2,x=-\dfrac{4}{3}$.

答案:(C).

21. 由方程 $ac+bc=23$,得 $(a+b)\cdot c=23=1\cdot 23$.

因为 a,b,c 为正整数,所以 $c=1$ 且 $a+b=23$.

将 $c=1$ 和 $a=23-b$ 代入方程 $ab+bc=44$,得
$$(23-b)b+b=44$$
即 $\qquad (b-2)(b-22)=0$

所以 $\qquad b_1=2,b_2=22$

从而得 $\qquad a_1=21,a_2=1$

故满足联立方程的正整数组 (a,b,c) 为 $(21,2,1)$ 和 $(1,22,1)$.

答案:(C).

22. 根据抛物线顶点的坐标公式,可得
$$\begin{cases} x_t=-\dfrac{t}{2a} \\ y_t=\dfrac{4ac-t^2}{4a} \end{cases} \quad (t\text{ 为参数})$$

消去参数 t,整理后得

$$y_t = -ax_t^2 + c$$

由于 a 和 c 是固定的正数,因此所求轨迹是一条以 $(0,c)$ 为顶点,开口向下的抛物线.

答案:(B).

23. 利用和差化积公式可得

$$\frac{\sin 10° + \sin 20°}{\cos 10° + \cos 20°} = \frac{2\sin 15° \cos 5°}{2\cos 15° \cos 5°} = \tan 15°$$

答案:(D).

24. 由题意,得 $a^2 - 8b \geqslant 0$ 和 $4b^2 - 4a \geqslant 0$,即 $a^2 \geqslant 8b$ 且 $b^2 \geqslant a$.

由于 a 和 b 是正实数,因此
$$a^2 b^2 \geqslant 8ab, \text{即 } ab \geqslant 8$$

以上各式等号仅在 $a^2 = 8b$ 且 $b^2 = a$,也就是 $b=2$, $a=4$ 时成立,故得 $a+b$ 的最小可能值为 6.

答案:(E).

25. 设这长方体的长、宽、高分别为 a,b,c,则
$$2(ab+bc+ca) = 22 \text{ 及 } 4(a+b+c) = 24$$
$$2ab + 2bc + 2ca = 22 \text{ 及 } a+b+c = 6$$

于是,长方体内的任一条对角线的长度等于
$$\sqrt{a^2+b^2+c^2} = \sqrt{(a+b+c)^2 - (2ab+2bc+2ca)} = \sqrt{14} \text{ (cm)}$$

答案:(D).

26. 如题图,由 $MD \perp BC$, $EC \perp BC$,得 $\triangle BMD \backsim \triangle BEC$.

所以 $BM:BE = BD:BC$

$BE \cdot BD = BM \cdot BC$

所以 $AM = MB$, $S_{\triangle ABC} = 24$

所以

$$S_{\triangle ABC}=\frac{1}{2}AB \cdot BC \cdot \sin\angle ABC=$$
$$\frac{1}{2}(AM+MB) \cdot BC \cdot \sin\angle ABC$$

即 $MB \cdot BC \cdot \sin\angle ABC = 24$

于是 $S_{\triangle BED}=\frac{1}{2}BE \cdot BD \cdot \sin\angle EBD=\frac{1}{2} \cdot BM \cdot BC \cdot \sin\angle ABC=12.$

答案:(B).

27. 如题图,设 $AC=x,\angle DCF=\theta$,则
$$\angle CBD=\theta,\angle ADB=2\theta$$

因为 $\cos\theta=\frac{1}{x}$, $\cos 2\theta=x-1$,又因为 $2\cos^2\theta-1=\cos 2\theta$,所以
$$2\left(\frac{1}{x}\right)^2-1=x-1$$

即 $2-x^2=x^3-x^2$

解得 $x=\sqrt[3]{2}.$

答案:(C).

28. 解法一:1 984 的质因数分解是 $2^6 \times 31$.

根据题意知:$0 < x < 1\,984$ 则由
$$(\sqrt{y})^2=(\sqrt{1\,984}-\sqrt{x})^2$$

得
$$y=1\,984+x-2\sqrt{1\,984x}$$

当且仅当 $1\,984x$ 是完全平方数时,y 是整数.也就是说,当且仅当 x 具有 $31t^2$ 形式时,$1\,984x$ 是完全平方数.

因为 $x < 1\,984$,所以 $1 \leqslant t \leqslant 7$.

当 $t=1,2,3$ 时,得整数对分别为

(31,1 519),(124,1 116)和(279,775)

当 $t>3$ 时,$y\leqslant x$(不合题意).因此,不同的整数对的个数是3.

解法二:因为 $1\,984=2^6\times 31$

所以 $8\sqrt{31}=\sqrt{x}+\sqrt{y}$

由此可知,x 必须具有 $31t^2$ 形式,y 必须具有 $31k^2$ 形式,并且 $t+k=8$(t,k 均为正整数).

因为 $0<x<y$,所以 $t<k$.

当 $t=1,k=7$ 时,得(31,1 519);

当 $t=2,k=6$ 时,得(124,1 116);

当 $t=3,k=5$ 时,得(279,775).

因此不同整数对的个数为3.

答案:(C).

29.分析:此题实际上是求过原点,且和已知圆相切的直线斜率的最大值,一般可采用如下两种解法.

解法一:如图所示$(x-3)^2+(y-3)^2=6$是一个圆的方程.

设 $\angle AOP=\alpha$,于是要求 $\dfrac{y}{x}$ 的最大值,只需求 $\tan(\alpha+\angle xOA)$ 即可.

因为 A 的坐标为(3,3),所以 $\angle xOA=45°$.

在 Rt$\triangle AOP$ 中,$OA=\sqrt{18}$,$AP=\sqrt{6}$.

所以 $OP=\sqrt{(OA)^2-(AP)^2}=2\sqrt{3}$

$$\tan\alpha=\dfrac{AP}{OP}=\dfrac{1}{\sqrt{2}}$$

由上式可得 $\tan(\alpha+45°)=\dfrac{\tan\alpha+1}{1-\tan\alpha}=3+2\sqrt{2}$,即为所求 $\dfrac{y}{x}$ 的最大值.

第4章 1984年试题

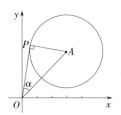

第29题答案图

解法二:设过原点且和已知圆相切的直线方程为 $y=mx$,解联立方程

$$\begin{cases} y=mx \\ (x-3)^2+(y-3)^2=6 \end{cases}$$

得 $(x-3)^2+(mx-3)^2=6$

即 $(m^2+1)x^2-6(m+1)x+12=0$

因为直线和圆相切,也就是说上述方程有等根.所以方程的判别式等于零,即

$$36(m+1)^2-48(m^2+1)=0$$

从而求得斜率 m 的最大值是 $3+2\sqrt{2}$.

答案:(A).

30. 事实上,本题也不难推广到 n 这更一般的情况:"若 n 是大于 1 的整数,且 $W=\cos\dfrac{2\pi}{n}+\mathrm{i}\sin\dfrac{2\pi}{n}$,则 $|W+2W^2+\cdots+nW^n|^{-1}=\dfrac{2}{n}\sin\dfrac{\pi}{n}$".这里把 $n=9$ 作为它的一个特例,给予证明:

设

$$S=W+2W^2+\cdots+nW^n$$
$$SW=W^2+\cdots+(n-1)W^n+nW^{n+1}$$
$$S(1-W)=W+W^2+\cdots+W^n-nW^{n+1}$$

75

因为 $W \neq 1, n > 1$

所以 $S(1-W) = \dfrac{W^{n+1}-W}{W-1} - nW^{n+1}$

由棣莫弗定理 $W^n = 1$.

于是

$$S(1-W) = -nW, \dfrac{1}{S} = \dfrac{W-1}{nW}$$

$$\dfrac{1}{|S|} = \dfrac{|W-1|}{n|W|}$$

因为 $|W|=1$，所以 $\dfrac{1}{|S|} = \dfrac{|W-1|}{n}$.

因为 1 与 W 是位于单位圆内接正 n 边形上的相邻的顶点，所以 $|W-1|$ 是单位圆内接正 n 边形的边长，即

$$|W-1| = 2\sin\dfrac{\pi}{n}$$

从而证得 $\dfrac{1}{|S|} = \dfrac{2}{n}\sin\dfrac{\pi}{n}$，即 $|S|^{-1} = \dfrac{2}{n}\sin\dfrac{\pi}{n}$. 当 $n=9$ 时，$|W+2W^2+\cdots+9W^9|^{-1} = \dfrac{2}{9}\sin 20°$.

答案：(B).

1985 年试题

1 第一部分 试题

1. 若 $2x+1=8$，则 $4x+1=$（　　）．
  (A) 15　　(B) 16　　(C) 17
  (D) 18　　(E) 19

2. 在一种游戏中，图中的阴影部分是一个"畸形怪物"，它是半径为 1 cm 的圆的一个扇形，缺掉的部分（怪物的嘴）的中心角是 60°．这怪物的周长（以厘米为单位）是（　　）．

第 2 题图

  (A) $\pi+2$　　(B) 2π　　(C) $\dfrac{5}{3}\pi$
  (D) $\dfrac{5}{6}\pi+2$　　(E) $\dfrac{5}{3}\pi+2$

3. 如图，在 Rt△ABC 中，两直角边为 5 和

12. 分别以 A 为中心, 12 为半径; 以 B 为中心, 5 为半径划弧, 交斜边于 M 和 N, 则 MN 的长度是( ).

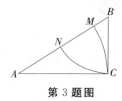

第3题图

(A) 2   (B) $\dfrac{13}{5}$ (C) 3   (D) 4   (E) $\dfrac{24}{5}$

4. 一大袋硬币, 其中有一美分、十美分、二十五美分三种. 十美分硬币的枚数是一美分硬币的两倍, 二十五美分硬币的枚数是十美分硬币的三倍, 袋中钱的总数可能是($ 是美元的记号)( ).

(A) $306   (B) $333   (C) $342

(D) $348   (E) $360

5. 从和式 $\dfrac{1}{2}+\dfrac{1}{4}+\dfrac{1}{6}+\dfrac{1}{8}+\dfrac{1}{10}+\dfrac{1}{12}$ 中, 必须除去哪些项, 使得余下的项的和等于 1( ).

(A) $\dfrac{1}{4}$ 和 $\dfrac{1}{8}$ (B) $\dfrac{1}{4}$ 和 $\dfrac{1}{12}$ (C) $\dfrac{1}{8}$ 和 $\dfrac{1}{12}$

(D) $\dfrac{1}{6}$ 和 $\dfrac{1}{10}$ (E) $\dfrac{1}{8}$ 和 $\dfrac{1}{10}$

6. 在男女生合班的一个班级中, 挑选一名学生作为班级代表. 每个学生都等可能地可以被选上, 并且选到男生的概率是选到女生的概率的 $\dfrac{2}{3}$. 男生数对男女生总数的比是( ).

(A) $\dfrac{1}{3}$ (B) $\dfrac{2}{5}$ (C) $\dfrac{1}{2}$ (D) $\dfrac{3}{5}$ (E) $\dfrac{2}{3}$

7. 在有些计算机语言(例如 APL)中,当代数式中没有括号时,运算是从右到左进行的,所以,在上述语言中,$a \times b - c$ 和通常的代数记法中的 $a(b-c)$ 一样,若在上述语言中,计算 $a \div b - c + d$,则用通常的代数记法,其结果将是(   ).

(A) $\dfrac{a}{b} - c + d$ (B) $\dfrac{a}{b} - c - d$ (C) $\dfrac{d+c-b}{a}$

(D) $\dfrac{a}{b-c+d}$ (E) $\dfrac{a}{b-c-d}$

8. 设 a, a', b, b' 是实数,且 a 和 a' 不为零. $ax+b=0$ 的解小于 $a'x+b'=0$ 的解当且仅当(   ).

(A) $a'b < ab'$ (B) $ab' < a'b$ (C) $ab < a'b'$

(D) $\dfrac{b}{a} < \dfrac{b'}{a'}$ (E) $\dfrac{b'}{a'} < \dfrac{b}{a}$

9. 将奇正数 $1, 3, 5, 7, \cdots$,排成五列,按表的格式排下去. 1985 所在的那列从左数起是(   ).

```
         1    3    5    7
15  13  11    9
        17   19   21   23
31  29  27   25
        33   35   37   39
47  45  43   41
        49   51   53   55
     ∘    ∘    ∘
  ∘          ∘    ∘    ∘
  ∘    ∘    ∘
```

第 9 题图

(A) 第一列   (B) 第二列   (C) 第三列
(D) 第四列   (E) 第五列

10. 任意的一个圆和 $y = \sin x$ 的图像相交的交点(   ).

(A) 至多 2 点   (B) 至多 4 点   (C) 至多 6 点
(D) 至多 8 点   (E) 可以多于 16 点

11. 将词 CONTEST 中的字母重新排列,使开头两个字母是元音,有多少不同的排法(例如,OETCNST 是一种这样的排列,但 OTETSNC 就不是)( ).

   (A)60 (B)120 (C)240 (D)720 (E)2 520

12. 设 p,q 和 r 是三个不同的质数,1 不认为是质数.下列哪一个数是最小的含有因子的 $n=pq^2r^4$ 的正的完全立方数( ).

   (A)$p^8q^8r^8$ (B)$(pq^2r^2)^3$ (C)$(p^2q^2r^2)^3$
   (D)$(pqr^2)^3$ (E)$4p^3q^3r^3$

13. 在一块钉板上,水平线和垂直线上相邻两钉的距离都是一个单位.一根橡皮筋紧扣在 4 个钉上,构成一个四边形,如图所示,它的面积(平方单位)是( ).

第 13 题图

   (A)4 (B)4.5 (C)5 (D)5.5 (E)6

14. 一凸多边形恰好有三个内角是钝角.这样的多边形的边数的最大值是( ).

   (A)4 (B)5 (C)6 (D)7 (E)8

15. 若 a 和 b 是正数,且 $a^b=b^a$,$b=9a$,则 a 的值是( ).

   (A)9 (B)$\frac{1}{9}$ (C)$\sqrt[9]{9}$ (D)$\sqrt[3]{9}$ (E)$\sqrt[4]{3}$

16. 若 $A=20°$,$B=25°$,则 $(1+\tan A)(1+\tan B)$ 的值

是( ).

(A)$\sqrt{3}$ (B)2 (C)$1+\sqrt{2}$ (D)$2(\tan A+\tan B)$
(E)不同于(A)~(D)的答案.

17. 矩形 $ABCD$ 的对角线 DB 被过点 A 和 C,且垂直于 DB 的两条平行直线 L 和 L' 分成长度都为 1 的三部分,$ABCD$ 的面积(四舍五入到一位小数)是( ).

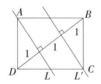

第17题图

(A)4.1 (B)4.2 (C)4.3 (D)4.4 (E)4.5

18. 六只袋子分别地装有 18,19,21,23,25 和 34 粒弹子,一只袋子装的全是有缺口的弹子,其他五只袋子不含有有缺口的弹子,珍妮取了三只袋子,而乔治取了另外两只袋子,剩下的那袋装的是有缺口的弹子,若珍妮得到的弹子总数比乔治多一倍,则有缺口的弹子有几粒( ).

(A)18 (B)19 (C)21 (D)23 (E)25

19. 考察 $y=Ax^2$ 和 $y^2+3=x^2+4y$ 的图像,其中 A 是正的常数,x 和 y 是实变量,两个图像有多少个交点( ).

(A)恰好 4 个 　　　(B)恰好 2 个
(C)至少一个,但是交点个数随 A 取不同的正值而变化
(D)至少对 A 的一个正值,交点个数是零
(E)不同于(A)~(D)的答案

20. 一个木制的立方体,棱长为 n 的单位(n 是大于 2 的整数),表面全涂上黑色,用刀片平行于立方体的各个面,将它切成 n^3 个棱长为单位长度的小立方体,若恰有一个面涂黑色的小立方体的个数,等于没有一面涂黑色的小立方体的个数,则 n 是( ).

(A) 5   (B) 6   (C) 7   (D) 8

(E) 不同于 (A)~(D) 的答案

21. 有多少个整数 x 满足方程 $(x^2-x-1)^{x+2}=1$ ( ).

(A) 2   (B) 3   (C) 4   (D) 5

(E) 不同于 (A)~(D) 的答案

22. 如图,在圆心为 O 的圆中,AD 是直径,ABC 是弦,BO 是 5 且 $\angle ABO = \overset{m}{\frown}{CD} = 60°$,则 BC 的长度是 ( ).

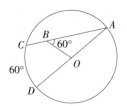

第 22 题图

(A) 3   (B) $3+\sqrt{3}$ (C) $5-\dfrac{\sqrt{3}}{2}$ (D) 5

(E) 不同于 (A)~(D) 的答案

23. 若 $x=\dfrac{-1+i\sqrt{3}}{2}$,$y=\dfrac{-1-i\sqrt{3}}{2}$. 其中 $i^2=-1$,则下列哪个式子是不正确的( ).

(A) $x^5+y^5=-1$ (B) $x^7+y^7=-1$

(C) $x^9+y^9=-1$ (D) $x^{11}+y^{11}=-1$
(E) $x^{13}+y^{13}=-1$

24. 随机地选取一个非零的数字,其选取方式使得取到数字 d 的概率是 $\lg(d+1)-\lg d$. 取到数字2的概率恰好是所取数字包含在下列某个集合中的概率的 $\dfrac{1}{2}$,这个集合是(　　).

(A)$\{2,3\}$　(B)$\{3,4\}$　(C)$\{4,5,6,7,8\}$
(D)$\{5,6,7,8,9\}$　(E)$\{4,5,6,7,8,9\}$

25. 某长方体的体积是 8 cm³,它的全面积是 32 cm². 并且长、宽、高成等比数列. 这长方体的所有棱的长度之和(以厘米为单位)是(　　).

(A)28　(B)32　(C)36　(D)40　(E)44

26. 求使得 $\dfrac{n-13}{5n+6}$ 是一个非零的可约分数的最小正整数 n(　　).

(A)45　(B)68　(C)155　(D)226
(E)不同于(A)～(D)的答案

27. 一个数列 $x_1,x_2,x_3,\cdots$,定义为
$$x_1=\sqrt[3]{3},\ x_2=(\sqrt[3]{3})^{\sqrt[3]{3}}$$
$$x_n=(x_{n-1})^{\sqrt[3]{3}}\quad(n>1)$$
使 x_n 是整数的最小的 n 是(　　).
(A)2　(B)3　(C)4　(D)9　(E)21

28. 如图,在 $\triangle ABC$ 中,$\angle C=3\angle A, a=27, c=48$,则 b 是(　　).

(A)33　(B)35　(C)37　(D)39
(E)不唯一确定

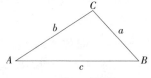

第28题图

29. 在十进位制表示中,整数 a 是由 1 985 个数字 8 组成,整数 b 是由 1 985 个数字 5 组成,则整数 $9ab$ 的各位数字(也是十进位制表示)之和是( ).

(A) 15 800   (B) 17 856   (C) 17 865
(D) 17 874   (E) 19 851

30. 设 $[x]$ 表示小于或等于 x 的最大整数,则方程
$$4x^2 - 40[x] + 51 = 0$$
的实数解的个数是( ).

(A) 0   (B) 1   (C) 2   (D) 3   (E) 4

2 第二部分 解答

1. $4x+1 = 2(2x+1) - 1 = 2 \times 8 - 1 = 15.$
答案:(A).

2. 这怪物的周长是
$$\frac{5}{6}(2\pi r) + 2r = \frac{5}{3}\pi + 2$$
答案:(E).

3. $BC = BN = 5, AC = AM = 12,$ 则
$$AB = \sqrt{BC^2 + AC^2} = \sqrt{5^2 + 12^2} = 13$$
所以
$$MN = BN - BM = BN - (AB - AM) = 4$$
答案:(D).

4. 设 P 为一美分硬币的枚数，A 为袋中钱的总数，则
$$A=P+10(2P)+25(6P)=171P$$
因为备选答案中只有(C)是 171 的倍数，所以袋中钱的总数可能是 \$342.

答案：(C).

5. $$\frac{1}{2}+\frac{1}{4}+\frac{1}{6}+\frac{1}{8}+\frac{1}{10}+\frac{1}{12}=$$
$$\frac{60}{120}+\frac{30}{120}+\frac{20}{120}+\frac{15}{120}+\frac{12}{120}+\frac{10}{120}$$

因为 $60+30+20+10=120$，所以必须除去 $\frac{15}{120}=\frac{1}{8}$ 和 $\frac{12}{120}=\frac{1}{10}$ 两项，得余下的项的和等于 1.

答案：(E).

6. 设男生人数和女生人数分别为 b 和 g，则
$$\frac{b}{b+g}=\frac{\frac{2}{3}g}{\frac{5}{3}g}=\frac{2}{5}$$

答案：(B).

7. 根据运算从右到左进行. 首先，得 $c+d$，然后由 b 减去 $c+d$，得 $b-c-d$. 最后，a 除以 $b-c-d$，得
$$\frac{a}{b-c-d}$$

注：事实上，本题也可以用加括号的方法，即
$$a\div[b-(c+d)]$$
所以
$$\frac{a}{b-c-d}$$

答案：(E).

8. $ax+b=0$ 的解是 $-\dfrac{b}{a}$，$a'x+b'=0$ 的解是 $-\dfrac{b'}{a'}$. 根据题意，得 $-\dfrac{b}{a}<-\dfrac{b'}{a'}$，即 $\dfrac{b'}{a'}<\dfrac{b}{a}$.

答案：(E).

9. 解法一：由表格可知，每行有四个正奇数，而 $1\,985=4\times496+1$. 因此 $1\,985$ 是第 497 行的第一个数. 而奇数行的第一个数位于第二列，偶数行的第一个数位于第一列，所以从左数起，$1\,985$ 在第二列.

解法二：观察第一列上的所有数的值是由 $16n-1$ 组成，$n=1,2,\cdots$. 而对于同样的 n，在 $16n-1$ 的每一个值的下面一行的第一个数是 $16n+1$，并且这些数都出现在第二列中，因为 $1\,985\times16\times124+1$，所以 $1\,985$ 出现在第二列中.

答案：(B).

10. 作一个圆和 x 轴相切于原点 O，圆心为 O'，以及函数 $y=\sin x$ 的图像，如图所示.

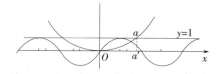

第 10 题答案图

考察夹在直线 $y=1$ 和 x 轴之间的一段圆弧，这时，不仅圆和正弦函数 $y=\sin x$ 的图像相交，而且圆和直线 $y=1$ 相交于点 a，设点 a 在 x 轴上的射影为 a'. 当圆心 O' 在 y 轴上离原点 O 越来越远（即圆的半径越来越大）时，此时，该圆和直线 $y=1$ 的交点 a 在 x 轴上的射影 a' 相应地离原点越来越远，这时圆和 $y=\sin x$ 的图像相交的交点也就越

来越多,根据圆的任意性以及函数 $y=\sin x$ 的周期性.得到这样的交点达无限个.

答案:(E).

11. 这是一道有附加条件的排列题,且五个辅音字母的排列是有重复的全排列.

因为在"CONTEST"七个字母中有两个元音字母 O 和 E,并且只能把它们放在词的开头两个位置上,因此,对于元音字母的排列顺序有 2 种.

其次,考虑五个辅音字母,如果它们都是相异的,那么它的排列顺序有 5!=120(种).但是,在这五个辅音字母有两个 T,因此,五个不尽相异辅音字母的全排列顺序有

$$\frac{5!}{2!}=60(种)$$

从而"CONTEST"中的字母重新排列,且开头两个字母是元音的不同的排列顺序共有 $2\times 60=120$(种).

答案:(B).

12. 如果 $n=pq^2r^4$ 是立方数 C 的一个因子,那么在质因数分解中,C 必须有 p,q 和 r.此外,p,q 和 r 的指数必须是 3 的倍数,并且它们分别必须至少有 1,2,4 一样大.这样 $p^3q^3r^6=(pqr^2)^3$ 是最小的含有因子 $n=pq^2r^4$ 的正的完全立方数.

答案:(D).

13. 由图可知,所构成的四边形 $PQRS$ 的面积是矩形 $ABCD$ 的面积的一半,即

$$\frac{1}{2}\times 3\times 4=6$$

答案:(E).

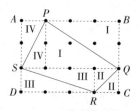

第13题答案图

14. 对任意凸 n 边形,它的内角的和是 $(n-2)\times180°$. 如果一个凸 n 边形恰好有三个内角是钝角,那么剩下的 $n-3$ 个内角的每一个都不会超过 $90°$,而三个钝角小于 $3\times180°$. 因此
$$(n-2)\times180°<(n-3)\times90°+3\times180°$$
$$2(n-2)<n-3+6$$
$$n<7$$
可见 $n=6$ 是可能的,将一个等边三角形变成如图所示.

第14题答案图

答案:(C).

15. $(a^b)^{\frac{1}{a}}=(b^a)^{\frac{1}{a}}$,并将 $b=9a$ 代入上式,得 $a^9=9a$.
因为 $a\neq 0$,所以
$$a^8=9, a=9^{\frac{1}{8}}=\sqrt[4]{3}$$

答案:(E).

16. 因为 $A+B=45°$,所以

$$1=\tan 45°=\tan(A+B)=\frac{\tan A+\tan B}{1-\tan A\tan B}$$
$$1-\tan A\tan B=\tan A+\tan B$$
$$1=\tan A+\tan B+\tan A\tan B$$

因此
$$(1+\tan A)(1+\tan B)=$$
$$1+\tan A+\tan B+\tan A\tan B=2$$

答案：(B).

17. 如图，因为 $AE^2=DE \cdot EB=2$，所以
$$AE=\sqrt{2}$$
因为矩形 $ABCD$ 的面积是 $\triangle ABD$ 的面积的两倍，所以该矩形的面积是
$$3 \cdot AE=3\sqrt{2}\approx 4.2$$

第17题答案图

答案：(B).

18. 根据题意，珍妮得到的弹子总数比乔治多一倍，因此珍妮和乔治两人弹子的总数必须被 3 整除就是说，140 粒弹子和有缺口的弹子两者的差必须被 3 整除．对给出的六个数中只有 23 有这个性质．所以有 23 粒有缺口的弹子．剩下的弹子，对于珍妮来说有 $19+25+34=78$，对于乔治来说有 $18+21=39$．

答案：(D).

19. 解法一：将方程 $y^2+3=x^2+4y$ 改写成
$$(y-2)^2-x^2=1$$

它的图像是双曲线,且中心是(0,2),顶点分别是(0,1)和(0,3),渐近线方程是 $y=2\pm x$.

对于所有 A 的正值,$y=Ax^2$ 是一条开口向上,顶点在原点的抛物线,如图所示.

因此,双曲线的下面一支和抛物线有两个不同的交点.

双曲线的上面一支的方程是
$$y=2+\sqrt{x^2+1}$$

对于任给正数 A,如果 $|x|$ 足够大,那么
$$Ax^2>2+\sqrt{x^2+1}\approx 2+x$$

因为当 $x=0$ 时,$Ax^2<2+\sqrt{x^2+1}$,所以对于任给 A 的正数值,抛物线和双曲线的上面一支也必定相交于两个不同的点,因此两个图像恰好有 4 个交点.

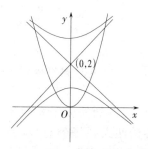

第 19 题答案图

解法二:对于方程组
$$\begin{cases} y=Ax^2 & \text{①} \\ y^2+3=x^2+4y & \text{②} \end{cases}$$

首先,将式②乘 A,然后将式①代入式②,消去 Ax^2 得
$$Ay^2-(4A+1)y+3A=0 \qquad \text{③}$$

因为上述每步都是可逆的,所以式①和式③所成的方程组与①和②所成的方程组同解.

于是,利用求根公式,求得方程③的解是

$$y = \frac{4A+1 \pm \sqrt{(4A+1)^2 - 12A^2}}{2A} \qquad ④$$

因为对于 $A>0$,式④中的判别式是正的,所以方程③有两个不同的实根,又因为式③中的常数项是正的,并且一次项 y 系数是负的,所以这两个根必须都是正的,因此,方程③恰好有两个不同的正根,不妨设 y_1 和 y_2,将 y_1 和 y_2 分别代入①,得 $x = \pm\sqrt{\dfrac{y_1}{A}}$ 和 $x = \pm\sqrt{\dfrac{y_2}{A}}$. 也就是说,对于任何 $A>0$,方程组恰好有 4 个不同的解

$$\begin{cases} x=\sqrt{\dfrac{y_1}{A}} \\ y=y_1 \end{cases}, \begin{cases} x=-\sqrt{\dfrac{y_1}{A}} \\ y=y_1 \end{cases}, \begin{cases} x=\sqrt{\dfrac{y_2}{A}} \\ y=y_2 \end{cases}, \begin{cases} x=-\sqrt{\dfrac{y_2}{A}} \\ y=y_2 \end{cases}$$

答案:(A).

20. 这 n^3 个棱长为单位长度的小立方体可分成下面四类:

三面涂黑色的小立方体,其个数为 8;

二面涂黑色的小立方体,其个数为 $12(n-2)$;

一面涂黑色的小立方体,其个数为 $6(n-2)^2$;

没有一面涂黑色的小立方体,其个数为 $(n-2)^3$.

根据题意,得

$$6(n-2)^2 = (n-2)^3$$

即 $\qquad n-2=6$

所以 $\qquad n=8$

答案:(D).

21. 当 a 和 b 是整数时,$a^b=1$ 有三种情况:
   (1)$a=1$;(2)$a=-1$,b 是偶数;(3)$b=0$,$a\neq 0$.
   本题中,$a=x^2-x-1$,$b=x+2$,则对于第一种情况
   $$x^2-x-1=1$$
   即 $(x-2)(x+1)=0$,解得 $x=2$ 或 $x=-1$.
   对于第二种情况,$x^2-x-1=-1$ 且 $x+2$ 是偶数,
   由 $x^2-x=0$,可解得 $x=0$ 或 1.

   因为 $x=0$ 时,$x+2=0+2=2$ 是偶数,所以 $x=0$ 是方程的解.

   因为 $x=1$ 时,$x+2=3$ 是奇数,所以 $x=1$ 不是方程的解,故舍去.

   对于第三种情况,$x+2=0$,且 $x^2-x-1\neq 0$,由 $x+2=0$,解得 $x=-2$.

   因为 $x^2-x-1=(-2)^2-(-2)-1=5\neq 0$,所以 $x=-2$ 是方程的解.

   综上所述,满足方程的整数解有 4 个.
   答案:(C).

22. 如图,令 $2\theta=60°=\angle ABO\stackrel{m}{=}\overset{\frown}{CD}$,则 $\angle CAD=\theta$.
   因为 $\triangle COA$ 是等腰三角形,所以 $\angle ACO=\theta$.又 $\angle BOC=2\theta-\theta=\theta$,所以 $\triangle BOC$ 也是等腰三角形,且 $BC=5$.

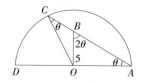

第 22 题答案图

答案:(D).

23. 由 x,y 的值可知,x,y 是方程 $W^3-1=(W-1) \cdot (W^2+W+1)=0$ 的复数根,所以 $x^3=y^3=1$.

因此 $x^9+y^9=(x^3)^3+(y^3)^3=1+1=2\neq -1$.

答案:(C).

24. 本题是个离散型随机变量的概率分布列的问题.若把样本空间的任何子集作为事件 A,那么只要运用"任何事件 A 的概率 $P(A)$ 是 A 中各样本点的概率之和"这个定义,就容易想到如下的解法.

我们将取到数字 $d_1, d_2, \cdots,$ 中的任何子集都作为事件,它的概率记作 $P\{d_1, d_2, \cdots\}$,则

$$P\{d\}=\lg\frac{d+1}{d}$$

$$P\{d, d+1\}=\lg\frac{d+1}{d}+\lg\frac{d+2}{d+1}=\lg\frac{d+2}{d}$$

根据题意,取到数字 2 的概率恰好是所取数字包含在下列某个集合中的概率的 $\frac{1}{2}$.换句话说,所求的事件(即某个集合)的概率恰好是取到数字 2 的概率的 2 倍,于是

$$2P\{2\}=2\lg\frac{3}{2}=\lg\frac{9}{4}=$$

$$\lg\frac{5}{4}+\lg\frac{6}{5}+\cdots+\lg\frac{9}{8}=$$

$$P\{4,5,6,7,8\}$$

从而这个集合是 $\{4,5,6,7,8\}$.

答案:(C).

25. 设长方体的长、宽、高分别为 a, ar, ar^2,则:

长方体的体积:$a(ar)(ar^2)=8, ar=2$.

长方体的全面积:$2a^2r+2a^2r^2+2a^2r^3=32$.

又
$$2a^2r+2a^2r^2+2a^2r^3=2(ar)(a+ar+ar^2)=\\4(a+ar+ar^2)$$

但是上述最后的表达式恰好是长方体的所有棱的长度之和,所以,所有棱长之和为 32.

答案:(B).

26. 因为数 $\dfrac{n-13}{5n+6}$ 是可约且非零的,因此它的倒数存在且可约,而要使

$$\frac{5n+6}{n-13}=5+\frac{71}{n-13}$$

可约的充分必要条件是数 $\dfrac{71}{n-13}$ 是可约的.

因为 71 是质数, $n-13$ 必须是 71 的倍数,所以 $n-13=71$, $n=84$ 是最小正整数解.

答案:(E).

27. 因为
$$x_1=3^{\frac{1}{3}}, x_2=(3^{\frac{1}{3}})^{\sqrt[3]{3}}=3^{\frac{\sqrt[3]{3}}{3}}$$
$$x_3=(3^{\frac{\sqrt[3]{3}}{3}})^{\sqrt[3]{3}}=3^{\frac{\sqrt[3]{9}}{3}}$$
$$x_4=(3^{\frac{\sqrt[3]{9}}{3}})^{\sqrt[3]{3}}=3^{\frac{\sqrt[3]{27}}{3}}=3^{\frac{3}{3}}=3$$

所以最小的 n 是 4.

答案:(C).

28. 由正弦定理: $\dfrac{27}{\sin A}=\dfrac{48}{\sin 3A}$. 利用
$$\sin 3A=3\sin A-4\sin^3 A$$

我们有
$$\frac{48}{27}=\frac{16}{9}=\frac{\sin 3A}{\sin A}=3-4\sin^2 A$$

即 $$\sin^2 A = \frac{11}{36}$$

从而解得 $\sin A = \frac{\sqrt{11}}{6}$, $\cos A = \frac{5}{6}$($\cos A$ 是非负, 因为 $0 < 3A < 180°$).

再由正弦定理

$$\frac{b}{\sin(180°-4A)} = \frac{27}{\sin A}, b = \frac{27\sin 4A}{\sin A}$$

因为 $\sin 4A = 2\sin 2A \cdot \cos 2A = 4\sin A\cos A(\cos^2 A - \sin^2 A)$,所以

$$b = 27 \times 4\cos A(\cos^2 A - \sin^2 A) =$$
$$27 \times 4 \times \frac{5}{6} \times \left(\frac{25}{36} - \frac{11}{36}\right) = 35$$

答案:(B).

29. 首先,因为 $9ab$ 的末位数字是零,所以它的各位数字之和与数 $N = \frac{9ab}{10}$ 的各位数字之和相同.

其次,对于任何由 k 个数字 d 组成的整数 M 可表示成

$$M = \frac{d}{9}(999\cdots 99) = \frac{d}{9}(10^k - 1)$$

于是

$$N = \frac{9}{10} \times \left[\frac{8}{9}(10^{1985} - 1)\right] \times \left[\frac{5}{9}(10^{1985} - 1)\right] =$$
$$\frac{4}{9} \times (10^{2 \times 1985} - 2 \times 10^{1985} + 1) =$$
$$\frac{4}{9}(10^{2 \times 1985} - 1) - \frac{8}{9}(10^{1985} - 1) = A - B$$

这里 A 是由 2×1985 个 4 组成的数,B 是由 1 985 个 8 组成的数,因此 N 是这样的一个数字:

开头是1 984个4,紧接着是一个3,在3的后面是1 984个5,紧接着又是一个6,所以 N 的各位数字之和是

$$1\,984\times(4+5)+(3+6)=1\,985\times 9=17\,865$$

答案:(C).

30. 解法一:因为 $40[x]$ 是偶数,$40[x]-51$ 是奇数.所以 $4x^2$ 必须是奇整数,即

$$4x^2=2k+1, x=\frac{\sqrt{2k+1}}{2}$$

将它代入原方程可得

$$\left[\frac{\sqrt{2k+1}}{2}\right]=\frac{k+26}{20}=\frac{k-14}{20}+2$$

因此,整数 k 与14对于模20同余,即

$$k\equiv 14(\bmod 20)$$

此外,根据性质 $[x]\leqslant x<[x]+1$,得

$$\frac{k+26}{20}\leqslant\frac{\sqrt{2k+1}}{2}<\frac{k+26}{20}+1$$

由 $\qquad\dfrac{k+26}{20}\leqslant\dfrac{\sqrt{2k+1}}{2}$

可得 $\qquad(k-74)^2\leqslant 70^2$ ①

由 $\qquad\dfrac{\sqrt{2k+1}}{2}<\dfrac{k+26}{20}+1$

可得 $\qquad(k-54)^2>30^2$ ②

因为 x^2 必须是正的,k 是非负的,故由①得

$$4\leqslant k\leqslant 144$$

由②得 $\qquad k<24$ 或者 $k>84$

所以 $\qquad 4\leqslant k<24$ 或者 $84<k\leqslant 144$

在上述两个区间中,适合 $k\equiv 14(\bmod 20)$ 的 k 的值只能是

$$k=14,94,114,134$$

从而得出四个解

$$x=\frac{\sqrt{29}}{2},\frac{\sqrt{189}}{2},\frac{\sqrt{229}}{2},\frac{\sqrt{269}}{2}$$

解法二：根据性质，$[x]\leqslant x<[x]+1$，可知当 $[x]\leqslant x$ 时，有

$$4[x]^2-40[x]+51\leqslant 0$$

所以 $\dfrac{3}{2}\leqslant [x]\leqslant \dfrac{17}{2}$

即 $[x]=2,3,4,5,6,7,8$

但是，对于上述的 $[x]$ 又必须满足

$$4([x]+1)^2-40[x]+51>0$$

经检验得 $[x]=2,6,7,8$，所以有四个解．
答案：(E)．

1986 年试题

第 6 章

1 第一部分 试题

1. $[x-(y-z)]-[(x-y)-z]=(\quad)$.
   (A) $2y$ (B) $2z$ (C) $-2y$
   (D) $-2z$ (E) 0

2. 在 xOy 平面内,如果直线 L 的斜率和在 y 轴上的截距分别为直线 $y=\frac{2}{3}x+4$ 的斜率的一半和在 y 轴上的截距的两倍,那么直线 L 的方程是( ).
   (A) $y=\frac{1}{3}x+8$ (B) $y=\frac{4}{3}x+2$
   (C) $y=\frac{1}{3}x+4$ (D) $y=\frac{4}{3}x+4$
   (E) $y=\frac{1}{3}+2$

3. 如图,$\triangle ABC$ 有一直角 $\angle C$,且 $\angle A=20°$. 若 BD 是 $\angle ABC$ 的平分线,则 $\angle BDC=(\quad)$.
   (A) $40°$ (B) $45°$ (C) $50°$

(D)55° (E)60°

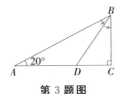

第 3 题图

4. 设 S 是这样的命题:"若数 n 的各位数字之和能被 6 除尽,则 n 能被 6 除尽."使命题 S 不成立的 n 的一个值是( ).

(A)30 (B)33 (C)40 (D)42

(E)不同于(A)~(D)的答案

5. 化简:$\left(\sqrt[6]{27}-\sqrt{6\dfrac{3}{4}}\right)^2$ ( ).

(A)$\dfrac{3}{4}$ (B)$\dfrac{\sqrt{3}}{2}$ (C)$\dfrac{3\sqrt{3}}{4}$ (D)$\dfrac{3}{2}$ (E)$\dfrac{3\sqrt{3}}{2}$

6. 利用一张高度一定的桌子,放置两块相同的木块如图(a)所示,这时长度 r 是 32 in(1 in=2.54 cm),然后重新放置木块.如图(b),这时长度 S 为 28 in.这桌子高是多少( ).

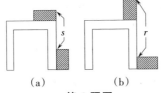

第 6 题图

(A)28 in (B)29 in (C)30 in

(D)31 in (E)32 in

7. 小于或等于 x 的最大整数与大于或等于 x 的最小整数之和是 5.x 的解集是( ).

(A) $\left\{\dfrac{5}{2}\right\}$ (B) $\{x\mid 2\leqslant x\leqslant 3\}$ (C) $\{x\mid 2\leqslant x<3\}$

(D) $\{x\mid 2<x\leqslant 3\}$ (E) $\{x\mid 2<x<3\}$.

8. 1980 年美国的人口是 226 504 825，全国面积是 3 615 122 mile² (1 mi = 1.609 394 km). 1mile² 为 $(5\,280)^2$ ft². 在下列各数中哪一个数最接近平均每人所占的平方英尺数（ ）．

(A) 5 000   (B) 10 000   (C) 50 000

(D) 100 000   (E) 500 000

9. 乘积 $\left(1-\dfrac{1}{2^2}\right)\left(1-\dfrac{1}{3^2}\right)\cdots\left(1-\dfrac{1}{9^2}\right)\left(1-\dfrac{1}{10^2}\right)$ 等于（ ）．

(A) $\dfrac{5}{12}$ (B) $\dfrac{1}{2}$ (C) $\dfrac{11}{20}$ (D) $\dfrac{2}{3}$ (E) $\dfrac{7}{10}$

10. 将 AHSME 的字母作排列共有 120 种．每一种排列看作为一个有五个字母的普通单词，然后按照字典次序将它们全部排列起来．在这样的编排中第 86 个单词的最后一个字母是（ ）．

(A) A   (B) H   (C) S   (D) M   (E) E

11. 在 $\triangle ABC$ 中，$AB=13$，$BC=14$，$CA=15$．又 M 是边 AB 的中点．H 是由 A 到 BC 所引垂线的垂足．HM 的长度是（ ）．

(A) 6   (B) 6.5   (C) 7   (D) 7.5   (E) 8

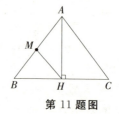

第 11 题图

12. 约翰在今年的 AHSME 竞赛中得 93 分.如果按老的评分法计分,同样的答卷他只能得 84 分.有多少道题他没有回答(新的评分方法是每一题答对者得 5 分;不答者得 2 分;答错者得 0 分.老的评分法是每人先有 30 分的底数,然后每答对一题得 4 分,每答错一题扣 1 分,未回答的题既不得分也不失分)( ).

(A)6　(B)9　(C)11　(D)14
(E)不唯一确定

13. 抛物线 $y=ax^2+bx+c$ 的顶点坐标是(4,2).若点(2,0)在该抛物线上,则 abc 等于( ).

(A)−12　(B)−6　(C)0　(D)6　(E)12

14. 假定"hop","skip","jump"都是特定的长度单位.若 b 个"hop"等于 c 个"skip",d 个"jump"等于 e 个"hop",f 个"jump"等于 g m,则 1 m 等于多少个"skip"( ).

(A)$\dfrac{bdg}{cef}$　(B)$\dfrac{cdf}{beg}$　(C)$\dfrac{cdg}{bef}$　(D)$\dfrac{cef}{bdg}$　(E)$\dfrac{ceg}{bdf}$

15. 一个学生要计算 x,y,z 的平均数 A.他先算 x 和 y 的平均数,然后再算所得平均数和 z 的平均数,将最后所得的结果作为 A.当 $x<y<z$ 时,该学生的最后结果是( ).

(A)正确的　(B)总是小于 A　(C)总是大于 A
(D)有时小于 A,有时等于 A
(E)有时大于 A,有时等于 A

16. 在△ABC 中,$AB=8$,$BC=7$,$CA=6$.延长边 BC 到 P,使△PAB 和△PCA 相似,如图所示.PC 的长度是( ).

(A)7　(B)8　(C)9　(D)10　(E)11

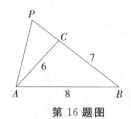

第16题图

17. 置于暗室中的一只抽屉内装有100只红袜子,80只绿袜子,50只蓝袜子和40只黑袜子.一个少年从抽屉中选取袜子,每次取一只,但无法看到所取袜子的颜色.为了确保取出的袜子中至少包含有10双,最少必须取几只袜子(一双袜子是指两只相同颜色的袜子,但每只袜子只能一次用在一双之中)( ).

(A)21　(B)23　(C)24　(D)30　(E)50

18. 一平面截一半径为1的正圆柱,截口成一椭圆.若该椭圆的长轴比短轴长50%,则长轴的长度为( ).

(A)1　(B)$\frac{3}{2}$　(C)2　(D)$\frac{9}{4}$　(E)3

19. 一个公园的形状是边长为2 km的正六边形.艾丽丝从一个角顶出发沿着公园的周边步行5 km.这时她离出发点是多少公里?( ).

(A)$\sqrt{13}$　　(B)$\sqrt{14}$　　(C)$\sqrt{15}$

(D)$\sqrt{16}$　　(E)$\sqrt{17}$

20. 假定x和y是正数并且成反比.若x增加了$p\%$,则y减少了( ).

(A)$p\%$　　(B)$\frac{p}{1+p}\%$　　(C)$\frac{100}{p}\%$

(D)$\frac{p}{100+p}$　　(E)$\frac{100p}{100+p}\%$

21. 如图,θ是以弧度度量的,C 是圆心,BCD 和 ACE 是直线段,且 AB 和圆相切于 A. 设 $0<\theta<\frac{\pi}{2}$,两个阴影部分面积相等的充分必要条件是( ).

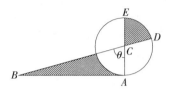

第 21 题图

(A)$\tan\theta=\theta$ (B)$\tan\theta=2\theta$ (C)$\tan\theta=4\theta$

(D)$\tan 2\theta=\theta$ (E)$\tan\frac{\theta}{2}=\theta$

22. 随机地从 $\{1,2,3,\cdots,10\}$ 中取出 6 个不同的整数. 在所取的数中,第二最小的数是 3 的概率是( ).

(A)$\frac{1}{60}$ (B)$\frac{1}{6}$ (C)$\frac{1}{3}$ (D)$\frac{1}{2}$

(E)不同于(A)~(D)的答案

23. 设 $N=69^5+5\times 69^4+10\times 69^3+10\times 69^2+5\times 69+1$ 有多少个正整数是 N 的因数( ).

(A)3   (B)5   (C)69   (D)125   (E)216

24. 设 $P(x)=x^2+bx+c$,b 和 c 是整数. 若 $P(x)$ 既是 x^4+6x^2+25 的因子也是 $3x^4+4x^2+28x+5$ 的一个因子,那么 $P(1)$ 是多少( ).

(A)0   (B)1   (C)2   (D)4   (E)8

25. 若 $[x]$ 表示小于或等于 x 的最大整数,则

$$\sum_{N=1}^{1\,024}[\log_2 N]=(\quad).$$

(A)8 192   (B)8 204   (C)9 218

(D)$[\log_2(1\,024!)]$ (E)不同于(A)~(D)的答案

26. 要求在坐标平面内构造一个直角三角形,使得它的两条直角边分别平行于 x 轴和 y 轴,且两条直角边上的中线分别落在直线 $y=3x+1$ 和 $y=mx+2$ 上. 使这样的三角形存在的常数 m 有几个( ).

(A)0 (B)1 (C)2 (D)3 (E)多于 3

27. 如图,AB 是圆的直径,CD 是平行于 AB 的弦,且 AC 和 BD 相交于 E,$\angle AED=\alpha$,$\triangle CDE$ 和 $\triangle ABE$ 的面积之比是( ).

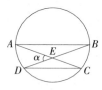

第27题图

(A)$\cos\alpha$ (B)$\sin\alpha$ (C)$\cos^2\alpha$
(D)$\sin^2\alpha$ (E)$1-\sin\alpha$

28. $ABCD$ 是正五边形. AP,AQ 和 AR 分别是由 A 向 CD,CB 和 DE 的延长线上所引的垂线. 设 O 是正五边形的中心. 若 $OP=1$,则 $AO+AQ+AR$ 等于( ).

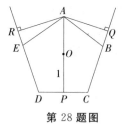

第28题图

(A)3 (B)$1+\sqrt{5}$ (C)4 (D)$2+\sqrt{5}$ (E)5

29. 不等边 $\triangle ABC$ 的两条高的长度分别为 4 和 12,若

第三条高的长也为整数,那么它的长度最大可能是多少( ).

(A)4　　(B)5　　(C)6　　(D)7

(E)不同于(A)~(D)的答案

30. 联立方程 $2y=x+\dfrac{17}{x}$, $2z=y+\dfrac{17}{y}$, $2w=z+\dfrac{17}{z}$, $2x=w+\dfrac{17}{w}$ 的实数解 (x,y,z,w) 的组数是( ).

(A)1　　(B)2　　(C)4　　(D)8　　(E)16

2　第二部分　解答

1. $[x-(y-z)]-[(x-y)-z]=$
$x-y+z-x+y+z=2z$

答案:(B).

2. 已知直线的斜率是 $\dfrac{2}{3}$,且直线在 y 轴上的截距是 4.

故直线 L 的斜率是 $\dfrac{1}{3}$,在 y 轴上的截距是 8.

答案:(A).

3. 因为 $\angle C=90°$,$\angle A=20°$,所以 $\angle ABC=70°$,$\angle DBC=35°$.由此可得 $\angle BDC=90°-35°=55°$.

答案:(D).

4. 命题 S 是假的.若数 n 的各位数字之和能被 6 除尽,但 n 本身不能被 6 除尽.数 33 就具有这些特性.

答案:(B).

5. $\left(\sqrt[6]{27}-\sqrt{6\dfrac{3}{4}}\right)^2=\left[(3^3)^{\frac{1}{6}}-\left(\dfrac{27}{4}\right)^{\frac{1}{2}}\right]^2=$

$$\left[\sqrt{3}-\frac{3\sqrt{3}}{2}\right]^2=\left[\frac{-\sqrt{3}}{2}\right]^2=\frac{3}{4}$$

答案:(A).

6. 设 h,l 和 w 分别为桌子的高,木块的长和宽. 于是,由题图(a)得 $l+h-w=32$. 由题图(b)得
$$w+h-l=28$$
将上述两式相加得 $h=30$.

答案:(C).

7. 设 $\lfloor x \rfloor$ 是小于或等于 x 的最大整数, $\lceil x \rceil$ 是大于或等于 x 的最小整数.

若 $x\leqslant 2$,则 $\lfloor x \rfloor+\lceil x \rceil\leqslant 2+2<5$,所以在 $x\leqslant 2$ 的情况下,无解.

若 $x\geqslant 3$,则 $\lfloor x \rfloor+\lceil x \rceil\geqslant 3+3$,无解.

最后,若 $2<x<3$,则 $\lfloor x \rfloor+\lceil x \rceil=2+3=5$.

因此,对每个这样的 x 是一个解,所以 x 的解集是 $\{x|2<x<3\}$.

答案:(E).

8. 解法一:因为人口约 2.3×10^8,面积低于 4×10^6 mile^2. 所以每平方英里约有 60 人.

因为 1 mile^2 约 $(5\,000\text{ ft})^2=2.5\times 10^7$ ft^2. 所以每人约占 $\frac{25}{60}\times 10^6$ ft^2. 则最接近的答案是(E).

解法二:$\dfrac{(3.6\times 10^6)\times(5.3\times 10^3)^2}{2.3\times 10^8}=\dfrac{(3.6)\times(5.3)^2}{2.3}\times 10^4$ (ft^2/人)

因为 $\dfrac{3.6}{2.3}$ 略大于 1.5,$(5.3)^2$ 介于 25 和 30 之间,因此,确切的答案是约 $(28\times 1.5)\times 10\,000=420\,000$,

所以是 5×10^5.

答案:(E).

9. 原式 $=\left[\left(1-\dfrac{1}{2}\right)\left(1-\dfrac{1}{3}\right)\cdots\left(1-\dfrac{1}{10}\right)\right]\times$

$\left[\left(1+\dfrac{1}{2}\right)\left(1+\dfrac{1}{3}\right)\cdots\left(1+\dfrac{1}{10}\right)\right]=$

$\left[\dfrac{1}{2}\times\dfrac{2}{3}\times\dfrac{3}{4}\times\cdots\times\dfrac{9}{10}\right]\times$

$\left[\dfrac{3}{2}\times\dfrac{4}{3}\times\dfrac{5}{4}\times\cdots\times\dfrac{11}{10}\right]=\dfrac{11}{20}$

答案:(C).

10. 首先,以 A 为首有 24=4! 个单词,其次,以 E 为首的和以 H 为首各有 24 个单词. 这样,第 86 个单词是以 M 为首,且它是 (86-72=14) 第 14 个,在以 M 为首的前 14 个单词中,前 6 个是以 MA 为首,接着 6 个是以 ME 为首. 于是,第 13 个单词是以 MH 为首的是 MHAES,第 14 个是 MHASE. 所以第 86 个单词的最后一个字母是 E.

答案:(E).

11. $\triangle AHB$ 是直角三角形,在任意一个直角三角形中,直角三角形斜边上的中线等于斜边的一半. 因此,HM 的长度是 6.5.

答案:(B).

12. 解法一:设 c 为约翰答对的题数,w 和 u 分别为答错和未回答的题数,则

$$\begin{cases} 30+4c-w=84 \\ 5c+2u=93 \\ c+w+u=30 \end{cases}$$

解此方程组得 $c=15, w=6, u=9$.

解法二:有
$$84=30+4c-w=(c+w+u)+4c-w=5c+u$$
$$\begin{cases}5c+u=84\\5c+2u=93\end{cases}$$

解此方程组得 $u=9$.

答案:(B).

13. 解法一:因为点 $(4,2)$ 是抛物线 $y=ax^2+bx+c$ 的顶点,又点 $(2,0)$ 在此抛物线上,则

$$\begin{cases}2=16a+4b+c\\4=-\dfrac{b}{2a}\\0=4a+2b+c\end{cases}$$

解此方程组得 $a=-\dfrac{1}{2}, b=4, c=-6$.

所以 $abc=12$.

解法二:因为 $(4,2)$ 是抛物线 $y=ax^2+bx+c$ 的顶点,所以抛物线关于 $x=4$ 对称. 又因为 $(2,0)$ 在此抛物线上,它关于 $x=4$ 的对称点是 $(6,0)$. 换句话说, 2 和 6 是 $ax^2+bx+c=0$ 的两个根. 于是

$$y=ax^2+bx+c=a(x-2)(x-6)$$

将点 $(4,2)$ 代入上式,得

$$2=a(2)(-2)=-4a$$

即 $a=-\dfrac{1}{2}, y=-\dfrac{1}{2}x^2+4x-6$

所以 $abc=\left(-\dfrac{1}{2}\right)(4)(-6)=12$

答案:(E).

14. 有

$$b \text{ hops}=c \text{ skips}, 1 \text{ hop}=\dfrac{c}{b} \text{ skips}$$

$$d \text{ jumps} = e \text{ hops}, 1 \text{ jump} = \frac{e}{d} \text{ hops}$$

$$f \text{ jumps} = g \text{ m}, 1 \text{ m} = \frac{f}{g} \text{ jumps}$$

因此

$$1 \text{ m} = \frac{f}{g} \text{ jumps} = \frac{f}{g}\left(\frac{e}{d} \text{ hops}\right) = \frac{f}{g}\left(\frac{e}{d}\left(\frac{c}{b} \text{ skip}\right)\right) = \frac{cef}{bdg} \text{ skips}$$

答案：(D).

15. 正确的平均数 A 是 $\frac{x+y+z}{3}$. 而学生计算的平均数是

$$B = \frac{\frac{x+y}{2}+z}{2} = \frac{x+y+2z}{4}$$

于是

$$B - A = \frac{2z-x-y}{12} = \frac{(z-x)+(z-y)}{12} > 0$$

(因为 $z > x, z > y$).

因此,该学生的最后结果总是大于 A.

答案：(C).

16. 由 $\triangle PAB \backsim \triangle PCA$, 得

$$\frac{PA}{PB} = \frac{PC}{PA} = \frac{CA}{AB}$$

$$\frac{PA}{PC+7} = \frac{PC}{PA} = \frac{6}{8}$$

解方程组

$$\begin{cases} 6(PC+7) = 8PA \\ 6PA = 8PC \end{cases}$$

即得 $PC = 9$.

答案:(C).

17. 解法一:对于任何选取,当且仅当被选取的各种颜色的袜子都是奇数时,各种颜色的袜子至多各有一只无配偶.于是,24 只袜子满足:至多有 4 只袜子无配偶,剩余的 20 只袜子就成 10 双.因而,取 23 只袜子即可,因为 23 不是四个奇数的和,23 只袜子中至多有 3 只袜子无配偶.另一方面,取 22 只就不行.若红,绿,蓝和黑袜子的数目分别为 5,5,5,7.则有 4 只袜子无配偶,但此时只有 9 双.这样,最少必须取 23 只袜子.

解法二:如果我们只要 1 双,那么要取 5 只袜子才能满足.而且,取 4 只不能确保 1 双,因为选取的袜子可能是每种颜色的各一只.

如果我们要 2 双,那么要取 7 只袜子才能满足.任何 7 只袜子的集合必定包含 1 双.如果我们除去这 1 双,那么由上所述,剩余 5 只袜子将包含第 2 双.另一方面,取 6 只袜子可能包含 3 只绿色,1 只黑色,1 只红色和 1 只蓝色,因此只有 1 双.这样,7 只袜子是确保 2 双的最小数.

同理,我们必须取 9 只袜子确保有 3 双.

一般地,取 $2p+3$ 只袜子确保有 p 双.这个公式可利用数学归纳法来证明.

这样,为了确保 10 双,最少必须取 23 只袜子.

答案:(B).

18. 如图,显然,椭圆的短轴就是圆柱的直径.因此,椭圆短轴的长度为 2,从而得到椭圆长轴的长度为
$$2+0.5\times 2=3$$

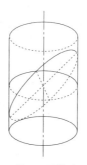

第 18 题答案图

答案:(E).

19. 解法一:如图(a),设艾丽丝从角顶点 A 出发且在点 B 终止. 在 $\triangle ABC$ 中, $\angle ACB = 90°, AC = 2\sqrt{3}$.
由勾股定理,得 $AB^2 = 13$. 因此
$$AB = \sqrt{13}$$

解法二:如图(b),在 $\triangle ABD$ 中, $\angle ADB = 60°$, $AD = 4, BD = 1$. 由余弦定理,得
$$AB^2 = 1^2 + 4^2 - 2 \times 1 \times 4 \times \frac{1}{2} = 13$$

所以 $AB = \sqrt{13}$

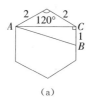

(a)　　　　　(b)

第 19 题答案图

答案:(A).

20. x 和 y 成反比,就是说,如果 x 扩大 k 倍,那么 y 就缩小 k 倍. 设 x' 和 y' 是 x 增加了 $p\%$ 以后的新值,则

$$x' = \left(1 + \frac{p}{100}\right)x, \quad y' = \frac{y}{\left(1 + \frac{p}{100}\right)} = \frac{100}{100 + y}y$$

根据定义,y 减少的百分比是

$$100\left(\frac{y - y'}{y}\right) = 100\left(1 - \frac{100}{100 + p}\right) = \frac{100p}{100 + p}$$

答案:(E).

21. 这阴影扇形的面积是 $\frac{\theta}{2}(AC)^2$,并且它必须等于 $\triangle ABC$ 的面积的一半. 这里 $\triangle ABC$ 面积是 $\frac{1}{2}(AC)(AB)$. 于是,由 $\frac{\theta}{2}(AC)^2 = \frac{1}{4}(AC)(AB)$,得

$$2\theta = \frac{AB}{AC} = \tan\theta$$

答案:(B).

22. 随机地从 $\{1, 2, 3, \cdots, 10\}$ 中取出 6 个不同的整数的方法种数共有 $C_{10}^6 = 210$.

如果在所取的数中,第二最小数是 3,那么一个数得取自 $\{1, 2\}$ 且四个数是取自 $\{4, 5, \cdots, 9, 10\}$. 取法种数有 $C_2^1 \cdot C_7^4 = 70$. 因此,第二最小的数是 3 的概率是

$$70 \div 210 = \frac{1}{3}$$

答案:(C).

23. 由二项式定理,$N = (69 + 1)^5 = (2 \times 5 \times 7)^5$. 于是一个正整数 d 是 N 的一个因数,即 $d = 2^p \times 5^q \times 7^r$,其中 p, q, r 是 $0, 1, 2, 3, 4, 5$ 这六个整数中的任何一个. 因此,对于 d 有 $6^3 = 216$(种)选择. 即有 216 个正整数是 N 的因数.

答案:(E).

24. 解法一:因为 $P(x)$ 是 x^4+6x^2+25 与 $3x^4+4x^2+28x+5$ 的一个因式.因此,它也是

$$3(x^4+6x^2+25)-(3x^4+4x^2+28x+5)=$$
$$14x^2-28x+70=14(x^2-2x+5)$$

的一个因式.

因此

$$P(x)=x^2-2x+5,且 P(1)=4$$

解法二:根据题意

$$x^4+6x^2+25=x^4+10x^2+25-4x^2=$$
$$(x^2+5+2x)(x^2+5-2x)$$

因此,$P(x)$ 或是 x^2+5+2x 或是 x^2+5-2x.
由长除法得,只有 x^2+5-2x 是 $3x^4+4x^2+28x+5$ 的一个因式.

所以 $P(x)=x^2+5-2x$,$P(1)=4$.

答案:(D).

25. 因为

$$[\log_2 N]=\begin{cases}1,对于 2\leqslant N<2^2\\ 2,对于 2^2\leqslant N<2^3\\ \vdots\\ 9,对于 2^9\leqslant N<2^{10}\\ 10,对于 N=2^{10}\end{cases}$$

所以

$$\sum_{N=1}^{1\,024}[\log_2 N]=1\times(2^2-2)+2\times(2^3-2^2)+\cdots+$$
$$9\times(2^{10}-2^9)+10=$$
$$9\times 2^{10}-(2^9+2^8+2^7+\cdots+2)+10=$$
$$9\times 2^{10}-(2^9+2^8+2^7+\cdots+2+1)+11=$$

$$9\times2^{10}-(2^{10}-1)+11=8\times2^{10}+12=$$
$$8\ 204$$

答案：(B)

26. 在任一个直角三角形中,如图直角边平行于轴.中线过直角边的中点,那么其中一条中线的斜率是另一条中线的斜率 4 倍.这里 a,b,c,d 是任意的(除 $c\neq0,d\neq0$ 外).

   这样,中线的斜率是

   $$\frac{c}{2d} \text{ 和 } \frac{2c}{d}=4\left(\frac{c}{2d}\right)$$

   当 $\frac{c}{2d}=3$ 时, $m=4\times3=12$.

   当 $\frac{c}{2d}=m$ 时, $3=4m$, $m=\frac{3}{4}$.

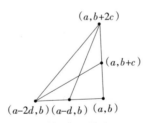

第 26 题答案图

因而,在我们的问题中, m 或是 12,或是 $\frac{3}{4}$. 因此,使这样的三角形存在的常数 m 有 2 个.

事实上,对于每个 m 值有无限多的三角形,如对于 $m=12$,取任一个直角三角形,它的直角边平行于轴且斜边的斜率是 $\frac{12}{2}$. 例如,这三角形的顶点是 $(0,0),(1,0),(1,6)$,则直角边上中线的斜率为 12 和 3. 所以,这三角形的中线相交于 $y=12x+2$ 与

$y=3x+1$ 的交点.从而中线落在这直线上.

最后,对于任何这样中心伸缩的三角形(它们有同样的重心且直角边和轴平行的较大或较小的三角形),中线仍然落在这些直线上.

答案:(C).

27. 如图,因为 $AB \parallel DC$, $\overset{\frown}{AD}=\overset{\frown}{CB}$,且 $\triangle CDE \sim \triangle ABE$.因此

$$\frac{S_{\triangle CDE}}{S_{\triangle ABE}}=\left(\frac{DE}{AE}\right)^2$$

联结 AD,因为 AB 是直径,所以 $\angle ADB=90°$.
在 Rt$\triangle ADE$ 中

$$DE=AE\cos\alpha, \left(\frac{DE}{AE}\right)^2=\cos^2\alpha$$

所以 $\dfrac{S_{\triangle CDE}}{S_{\triangle ABE}}=\cos^2\alpha$.

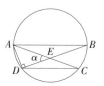

第27题答案图

答案:(C).

28. 设正五边形的边长为 S.首先,如图(a),正五边形面积是 $\triangle ABC$, $\triangle ACD$, $\triangle ADE$ 的面积之和.这三个三角形的底边均为 S,高分别为 AQ, AP 和 AR.它们的面积之和为

$$\frac{S}{2}(AP+AQ+AR)$$

其次,从图(b)可知,在每一个三角形中,它们的底边是 S,高为 1,因此,正五边形面积是 $\dfrac{5S}{2}$.

因此 $AP+AQ+AR=5$,所以 $AO+AQ+AR=4$.

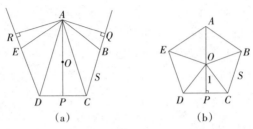

第28题答案图

答案:(C).

29. 解法一:设长度为4的高落在边 a 上,长度为12的高落在边 b 上,第三条高的长度为 h 且落在边 c 上,△ABC 的面积为 S,则
$$4a=12b=hc=2S \qquad (*)$$
因为此三角形是不等边三角形,所以
$$c<a+b, c>a-b$$
换句话说
$$\frac{2S}{h}<\frac{2S}{4}+\frac{2S}{12}, \frac{2S}{h}>\frac{2S}{4}-\frac{2S}{12}$$
即
$$\frac{1}{h}<\frac{1}{4}+\frac{1}{12}=\frac{1}{3}, \frac{1}{h}>\frac{1}{4}-\frac{1}{12}=\frac{1}{6}$$

因此,$3<h<6$. 由于 h 是整数,故最大可能是5.

解法二:由式 $(*)$ 得 $a=3b$. 固定边 CB. A 是以 C 为圆心,b 为半径的圆上任一点(除点 X, Y 之外),如图.

因为 △$FCB \sim$ △DAB,所以 $\dfrac{h}{4}=\dfrac{3b}{AB}$.

此外
$$AB<a+b=4b(当 A=X 时, AB=4b)$$
$$AB>a-b=2b(当 A=Y 时, AB=2b)$$

因此,$\dfrac{3b}{4b} < \dfrac{h}{4} < \dfrac{3b}{2b}$,即 $3 < h < 6$.

对于整数 h 可能的最大值是 5.

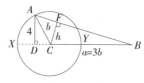

第29题答案图

答案:(B).

30. 对于任何正数 a,有不等式
$$\dfrac{1}{2}\left(a + \dfrac{17}{a}\right) \geqslant \sqrt{17}$$

当且仅当 $a = \dfrac{17}{a}$,即 $a = \sqrt{17}$ 时等号成立.

于是,如果 $x > 0$,那么依次考察给出的每个方程,有 $\quad y \geqslant \sqrt{17}, z \geqslant \sqrt{17}, w \geqslant \sqrt{17}, x \geqslant \sqrt{17}$

假设 $x > \sqrt{17}$,则

$$y - \sqrt{17} = \dfrac{x^2 + 17}{2x} - \sqrt{17} = \left(\dfrac{x - \sqrt{17}}{2x}\right)(x - \sqrt{17}) <$$
$$\dfrac{1}{2}(x - \sqrt{17})$$

因此 $x > y$. 同样地 $y > z, z > w, w > x$,从而得出 $x > x$,显然矛盾. 所以 $x = y = z = w = \sqrt{17}$,它是方程组的一组解,而且是 $x > 0$ 时,仅有的一组解. 若记 (x, y, z, w) 是方程的一组解,则关于 $x < 0$,当且仅当 $(-x, -y, -z, -w)$ 是方程组的一组解. 这样 $x = y = z = w = -\sqrt{17}$ 是方程组仅有的另一组解,所以方程组的实数解的组数是 2.

答案:(B).

Liouville 定理

1 引 言

在数列求和中我们知道

$$\sum_{i=1}^{n} i = \frac{1}{2}n(n+1)$$

$$\sum_{i=1}^{n} i^3 = \frac{1}{4}n^2(n+1)^2$$

由此我们发现有如下的恒等式

$$\sum_{i=1}^{n} i^3 = \left(\sum_{i=1}^{n} i\right)^2 \qquad ①$$

此恒等式的证明是容易的,有趣的是《美国数学月刊》(第 3 792 号征解问题,45 卷,6～7 号)曾给出了一个几何证法,原题为:

征解问题 我们将一个正方形划分成为 n^2 个单位正方形,像一个国际象棋盘,棋盘上任意两条水平线与任意两条竖直线都形成一个矩形. 如果我们把正方形也视为一种特殊的矩形,并规定每

附录　Liouville 定理

个矩形的宽度 b 小于或等于它的长度 a,显然存在一个宽度为 n 的矩形,即原来的正方形.试证:存在 2^3 个宽度为 $n-1$ 的矩形,3^3 个宽度为 $n-2$ 的矩形,……,n^3 个宽度为 1 的矩形.

证明　用沿着同一直线的 $n-k$ 个单位正方形去形成该边长度为 $n-k$ 的矩形,只有 $k+1$ 种方法.

所以宽度(按东西方向规定)为 $n-k$ 的矩形的数目是
$$(k+1)[(k+1)+k+(k-1)+\cdots+2+1]=\frac{(k+1)(k+1)(k+2)}{2}$$

其中正方形的数目是 $(k+1)^2$,所以宽度为 $n-k$ 的矩形的总数是
$$2(k+1)(k+1)(k+2)/2-(k+1)^2=(k+1)^3$$

由此我们可以推导出式①.

我们考虑由 $n+1$ 条东西方向线与 $n+1$ 条南北方向线相交形成的单位正方形,由于在每个方向有 C_{n+1}^2 对线,所以总计有 $C_{n+1}^2=\dfrac{n(n+1)^2}{2}$ 个矩形.

2 由恒等式所产生的竞赛试题

设 $j,n\in\mathbf{N}$,我们来系统地研究一下
$$S_{n,j}=1^j+2^j+3^j+\cdots+n^j$$
为了多计算出几个 $S_{n,j}$,我们希望能够找到一个递推关系式.

其实这样的关系式早就存在(见《第 32 届国际数学竞赛预选题》).即

$$C_{n+1}^1 S_1 + C_{n+2}^2 S_2 + \cdots + C_{k+1}^k S_k = (n+1)^{k+1} - (n+1)$$

①

证明很容易.

将$(r+1)^{k+1}$用二项式定理展开得
$$(r+1)^{k+1} = C_{k+1}^0 r^{k+1} + C_{k+1}^1 r^k + C_{k+1}^2 r^{k-1} + \cdots + C_{k+1}^k r + 1$$

在两端从1到n求和得

$$\sum_{r=1}^n (r+1)^{k+1} = \sum_{r=1}^n r^{k+1} + C_{k+1}^1 \sum_{r=1}^n r^k + C_{k+1}^2 \sum_{r=1}^n r^{k-1} + \cdots + C_{k+1}^k \sum_{r=1}^n r + n$$

只需注意到

$$\sum_{r=1}^n (r+1)^{k+1} = \sum_{r=1}^n r^{k+1} - 1 + (n+1)^{k+1}$$

及对$m=1,2,\cdots,k$,有$C_{k+1}^m = C_{k+1}^{k+1-m}$,便可知恒等式①成立.

由初始值$S_{n,j} = 1+2+\cdots+n = \frac{1}{2}n(n+1)$及递推式①可以马上计算出前面若干$S_{n,j}$的值

$$S_{n,2} = \frac{1}{6}n(n+1)(2n+1)$$

$$S_{n,3} = \frac{1}{4}n^2(n+1)^2$$

$$S_{n,4} = \frac{1}{30}n(n+1)(2n+1)(3n^2+3n+1)$$

$$S_{n,5} = \frac{1}{12}n^2(n+1)^2(2n^2+2n+1)$$

$$S_{n,6} = \frac{1}{42}n(n+1)(2n+1)(3n^4+6n^3-3n+1)$$

$$S_{n,7} = \frac{1}{24}n^2(n+1)^2(3n^4+6n^3-n^2-4n+2)$$

$$S_{n,8} = \frac{1}{90}n(n+1)(2n+1)(5n^6+15n^5+5n^4-15n^3-n^2+9n-3)$$

$$S_{n,9} = \frac{1}{20}n^2(n+1)^2(2n^6+6n^5+n^4-8n^3+n^2+6n-3)$$

$$S_{n,10} = \frac{1}{66}n(n+1)(2n+1)(3n^8+12n^7+8n^6-18n^5-10n^4+24n^3+2n^2-15n+5)$$

由此观察除 $S_{n,3}$ 是完全平方式,其他的都不是完全平方式.然而这一猜测正确与否呢? 1991 年法国数学竞赛试题(Ⅰ)的第 2 题恰好回答了这个问题.

试题 A 如果 n,p 是两个自然数,记
$$S_{n,p} = 1^p + 2^p + 3^p + \cdots + n^p$$
试确定自然数 p,使得对任何自然数 n,$S_{n,p}$ 都是一个自然数的平方.

证明 由文中开始的恒等式可知 $p=3$ 满足要求,我们将证明除此之外再无其他数.

特别地,令 $n=2$,则存在自然数 x 满足
$$1+2^p = x^2 \quad (x>1) \qquad ②$$
所以
$$2^p = x^2 - 1 = (x-1)(x+1)$$
于是存在整数 s,t 满足
$$x-1 = 2^s, x+1 = 2^t$$
且 $t > s \geq 0$,$s+t = p$,因此
$$\frac{x+1}{x-1} = 2^{t-s} \geq 2 \Rightarrow x \geq 3$$
将 $x=1,2,3$ 代入式②中得知仅当 $x=3$ 时,p 有自然数解.

当我们把恒等式推广到实数域中时,$a_1,a_2,\cdots,a_n$的许多特征都消失了,但有两个特征保留了下来,一个是最后一个(即a_n)一定是自然数n,另一个是其和$\sum_{j=1}^{n}a_i$一定可以写成$\frac{m(m+1)}{2}$的形式,这两个特征都作为数学竞赛试题被提出过.

试题 B 已知对任意的$n\in \mathbf{N}$,有$a_n>0$且
$$\sum_{j=1}^{n}a_j^3=\left(\sum_{j=1}^{n}a_j\right)^2$$
求证:$a_n=n$.

(1989年全国高中联赛第一试第5题)

证明 用数学归纳法:

(1) 当$n=1$时,由$a_1^3=a_1^2$及$a_1>0$可得$a_1=1$,故命题成立.

(2) 假设当$n\leqslant k$时,命题成立,即$a_j=j,j=1,2,\cdots,k$.

当$n=k+1$时,因为
$$\sum_{j=1}^{k+1}a_j^3=\sum_{j=1}^{k}a_j^3+a_{k+1}^3=\left(\sum_{j=1}^{k}a_j\right)^2+a_{k+1}^3$$
另一方面
$$\sum_{j=1}^{k+1}a_j^3=\left(\sum_{j=1}^{k+1}a_j\right)^2=\left(\sum_{j=1}^{4}a_j+a_{k+1}\right)^2=$$
$$\left(\sum_{j=1}^{k}a_j\right)^2+2a_{k+1}\sum_{j=1}^{k}a_j+a_{k+1}^2$$
于是
$$a_{k+1}^3=2a_{k+1}\sum_{j+1}^{k}a_j+a_{k+1}^2$$
因为$a_j=j,j=1,2,\cdots,k$,所以

$$\sum_{j=1}^{k} a_j = \frac{k(k+1)}{2}$$

又因为 $a_{k+1} > 0$,故

$$a_{k+1}^2 - a_{k+1} - k(k+1) = 0 \Rightarrow a_{k+1} = k+1$$

或

$$a_{k+1} = -k (舍去)$$

从而当 $n = k+1$ 时命题也成立.

试题 C $(x_n)_{n \in \mathbf{N}}$ 是一组实数,且对任一非负整数 n 满足

$$x_0^3 + x_1^3 + \cdots + x_n^3 = (x_0 + x_1 + \cdots + x_n)^2 \quad ③$$

求证:对所有非负整数 n,存在一个非负整数 m,使得

$$x_0 + x_2 + \cdots + x_n = \frac{m(m+1)}{2} \quad ④$$

证明 我们模仿试题 B 的证明,用数学归纳法证明:

(1) 当 $n = 0$ 时,式 ③ 为 $x_0^3 = x_0^2 \Rightarrow x_0^2(x_0 - 1) = 0 \Rightarrow x_0 = 0$ 或 $x_0 = 1$.

当 $x_0 = 0$ 时,可取非负整数 $m = 0$,使式 ④ 成立.

当 $x_0 = 1$ 时,可取非负整数 $m = 1$,使式 ④ 成立.

(2) 假设当 $n = k$ 时,命题成立,现考察 $n = k+1$ 的情形.令 $\sum_{i=0}^{k} = M$,则有 $\sum_{i=0}^{k} x_k^3 = M^2$.

又根据归纳假设知存在非负整数 m,使得

$$M = \frac{m(m+1)}{2}$$

所以

$$M^2 + x_{k+1}^3 = (M + x_{k+1})^2$$
$$\Rightarrow x_{k+1}^3 - x_{k+1}^2 - 2Mx_{k+1} = 0$$

$$\Rightarrow x_{k+1}(x_{k+1}^2 - x_{k+1} - 2M) = 0$$
$$\Rightarrow x_{k+1}(x_{k+1}^2 - x_{k+1} - m(m+1)) = 0$$
$$\Rightarrow x_{k+1}(x_{k+1} + m)[x_{k+1} - (m+1)] = 0$$
$$\Rightarrow x_{k+1} = 0 \text{ 或 } x_{k+1} = -m \text{ 或 } x_{k+1} = m+1$$

ⅰ 当 $x_{k+1} = 0$ 时

$$\sum_{i=0}^{k+1} x_i = \sum_{i=0}^{k} x_i + x_{k+1} = \sum_{i=0}^{k} x_i = \frac{m(m+1)}{2}$$

ⅱ 当 $x_{k+1} = -m(m > 0)$ 时

$$\sum_{i=0}^{k+1} x_i = \sum_{i=0}^{k} x_i + x_{k+1} = \frac{m(m+1)}{2} - m = \frac{m(m-1)}{2}$$

ⅲ 当 $x_{k+1} = m+1$ 时

$$\sum_{i=0}^{k+1} x_i = \sum_{i=0}^{k} x_i + x_{k+1} = \frac{m(m+1)}{2} + m + 1 = \frac{(m+1)(m+2)}{2}$$

故命题当 $n = k+1$ 时也成立.

故由归纳法假设可知对一切非负整数 n, 命题都成立.

此题为 1991 年法国数学竞赛试题.

湖北曾登高同学在 1996 年 11 月的《数学通讯》中提出：

试题 D 设 $n \geqslant 1$. 求证：不定方程 $\sum_{k=1}^{n} a_k^3 = \left(\sum_{k=1}^{n} a_k\right)^2$ 有一组互不相同的正整数解 $\{1, 2, 3, \cdots, n\}$.

安徽中国科技大学余红兵（现已调至苏州大学）解答如下：

先证一个更强的结论,对任意互不相同的正整数 $a_1, a_2, \cdots, a_n$,有不等式 $\sum_{k=1}^{n} a_k^3 \geqslant \left(\sum_{k=1}^{n} a_k\right)^2$;等号成立的充分必要条件是 $\{a_1, a_2, \cdots, a_n\} = \{1, 2, \cdots, n\}$.

证明 用数学归纳法. $n = 1$ 时,结论显然成立. 假设当 $n = k$ 时,结论成立. 现证 $n = k+1$ 时也成立. 考虑 $n+1$ 个互不相同的正整数 $a_1, a_2, \cdots, a_n, a_{n+1}$,不妨设 $1 \leqslant a_1 < \cdots < a_n < a_{n+1}$. 由归纳假设得

$$\sum_{k=1}^{n} a_k^3 \geqslant \left(\sum_{k=1}^{n} a_k\right)^2 \qquad ⑤$$

又 $a_n \leqslant a_{n+1} - 1$,故

$a_{n+1}^2 + 2a_{n+1}\left(\sum_{k=1}^{n} a_k\right) \leqslant a_{n+1}^2 + 2a_{n+1}[1 + 2 + \cdots + (a_{n+1} - 1)] = a_{n+1}^2(1 + a_{n+1} - 1) = a_{n+1}^3 \qquad ⑥$

由 ⑤,⑥ 推得

$$\sum_{l=1}^{n+1} a_k^3 \geqslant \left(\sum_{k=1}^{n+1} a_k\right)^2 \qquad ⑦$$

综合 ⑤,⑥ 等号成立的条件,易知当且仅当 $a_k = k (1 \leqslant k \leqslant n+1)$ 时,不等式 ⑦ 取等号.

前面提到的 1898 年全国高中联赛第一试第 5 题:设无穷正数数列 $\{a_n\}(n \geqslant 1)$,对 $n \geqslant 1$,满足

$$\sum_{k=1}^{n} a_k^3 = \left(\sum_{k=1}^{n} a_k\right)^2$$

则

$$a_n = n, (n \geqslant 1)$$

这个问题与征解题具有相同的特色 —— 均导出了等式 $\sum_{k=1}^{n} k^3 = \left(\sum_{k=1}^{n} k\right)^2$ 的惟一性.

W. J. Leveque 曾研究过另一稍难的惟一性问题.

他证明了:

若正整数 a,b 及 $m \geq 2$，使得等式

$$\sum_{k=1}^{n} k^a = \left(\sum_{k=1}^{n} k^b\right)^m \qquad ⑧$$

成立.

对 $n=2$ 容易给出结论，由此导出：

试题 E 如果仅假设式 ⑧ 对某个 $n>3$ 成立，是否能推出同样的结果?

余红兵证明了：若式 ⑧ 对无穷多个 n 成立，则必有 $a=3, b=1, m=2$.

在原解答中，⑥ 的证明有误，因为其中用到了 $\sum_{k=1}^{n} a_k \leq 1+2+\cdots+(a_{n+1}-1)$，这是不一定成立的.

上海科学技术出版社田廷彦编辑给出了另一个证明：

因 a_{n+1} 是整数，故

$$(a_{n+1}-n)(a_{n+1}-n-1) \geq 0$$

即

$$2\left(na_{n+1}-\frac{n(n+1)}{2}\right) \leq a_{n+1}^3 - a_{n+1}$$

$$\Rightarrow 2a_{n+1}\left(na_{n+1}-\frac{n(n+1)}{2}\right) \leq a_{n+1}^3 - a_{n+1}^2 \qquad ⑨$$

而 $1 \leq a_1 < a_2 < \cdots < a_n < a_{n+1}$，故

$$a_1+a_2+\cdots+a_n \leq (a_{n+1}-n)+(a_{n+1}-n+1)+\cdots+$$
$$(a_{n+1}-1) = na_{n+1}-\frac{n(n+1)}{2}$$

由式 ⑨ 即有

$$a_{n+1}^2 + 2a_{n+1}\left(\sum_{k=1}^{n} a_k\right) \leq a_{n+1}^3$$

3　恒等式的推广——J. Liouville 定理

我们提出一个更一般的问题:设 A 是一个自然数集 $\mathbf{N}$ 的子集,恒等式即是说当 $A = \{1,2,\cdots,n\}$ 时,有

$$\sum_{x \in A} x^3 = \Big(\sum_{x \in A} x\Big)^2 \qquad ①$$

现在我们问,是否还存在其他形式的集 A 也满足条件 ①.

法国著名数学家 J. Liouville(1809—1882)发现了一个新的包含集 A 的集族 $\widetilde{L}$,$\widetilde{L}$ 中的每个集 L 都具有条件 ①.

集族 $\widetilde{L}$ 是这样产生的,首先给定一个自然数 n,满足

$$L = \{\tau(m) \mid m \text{ 为 } n \text{ 的正因数}\}$$

若 $n = \prod_{i=1}^{s} p_i^{\alpha_i}$,则

$$|L| = \tau(n) = \prod_{i=1}^{s}(1+\alpha_i)$$

例如当 $n = 6$ 时

$$|L| = \tau(6) = \tau(2 \times 3) = (2+1)(3+1) = 4$$

即 L 共 4 个元素

$$L = \{\tau(1),\tau(2),\tau(3),\tau(6)\} = \{1,2,3,4\}$$

显然它具有性质 ①,即

$$1^3 + 2^3 + 2^3 + 4^3 = 1 + 8 + 8 + 64 = 81$$
$$(1+2+2+4)^2 = 9^2 = 81$$

J. Liouville 定理　设 $n \in \mathbf{Z}$,$(d_1,d_2,\cdots,d_n)$ 是它的所有因子(包含 1 与 n 本身),设 $\tau(n)$ 是 n 的约数个

数函数,则

$$\left(\sum_{i=1}^{s}\tau(d_i)\right)^2 = \sum_{i=1}^{s}\tau^3(d_i) \qquad ②$$

证明 (1) 若 n 是某个素数幂,即 $n = p^t$,这时,n 的因子是

$$d_1 = p^0, d_2 = p^1, d_3 = p^2, \cdots, d_{t+1} = p^t$$

则

$$\tau(d_i) = \tau(p^{i-1}) = i \quad (i = 1, \cdots, t+1)$$

即为

$$\sum_{i=1}^{t+1} i^3 = \left(\sum_{i+1}^{t+1} i\right)^2$$

而这正是恒等式.

(2) 现在我们将用数学归纳法证明,假设结论对某整数 q 成立,那么它一定对 qp^n 成立,其中 $p \nmid q$,p 是素数.

设 $\beta_1, \beta_2, \cdots, \beta_s$(其中 $\beta_1 = 1, \beta_s = q$)为 q 的因子,由假设命题对 q 成立,我们有

$$\tau(\beta_1)^3 + \tau(\beta_2)^3 + \cdots + \tau(\beta_s)^3 =$$
$$[\tau(\beta_1) + \tau(\beta_2) + \cdots + \tau(\beta_s)]^2$$

当我们将任意的 $\beta_i (1 \leq i \leq s)$ 与 $p^j (1 \leq j \leq n)$ 相乘时,一定会得到 qp^n 的一个因子,所有这些乘积可表示为

$$\beta_1, \beta_2, \cdots, \beta_s; p\beta_1, p\beta_2, \cdots, p\beta_s;$$
$$p^2\beta_1, p^2\beta_2, \cdots, p^2\beta_s; \cdots; p^n\beta_1, p^n\beta_2, \cdots, p^n\beta_s$$

显然 qp^n 的因子都在上式中,且它们没有相等的. 因为若

$$p^{j_1}\beta_{j_1} = p^{j_2}\beta_{j_2} (j_1 \leq j_2, i_1 \neq i_2) \Rightarrow p^h(p^{j_2-j_1}\beta_{j_2} - \beta_{j_1}) = 0$$

但 $p^{j_1} \neq 0, p^{j_2-j_1}\beta_{j_2} \neq \beta_{j_2}$ (因 $\beta_{j_1} \neq \beta_{j_2}, p \nmid \beta_{j_1}$). 注意到

$$\tau(\beta_i p^j) = \tau(\beta_i)\tau(p^j) = (j+1)\tau(\beta_i)$$

所以 qp^n 的所有因子的因子个数为

$$\tau(\beta_1),\tau(\beta_2),\cdots,\tau(\beta_s),2\tau(\beta_1),2\tau(\beta_2),\cdots,2\tau(\beta_s),\cdots,$$
$$(n+1)\tau(\beta_1),(n+1)\tau(\beta_2),\cdots,(n+1)\tau(\beta_s)$$

所以它们和的平方为

$$s^2 = \left[\left(\sum_{i=1}^{s}\tau(\beta_i)\right)\left(\sum_{j=1}^{n+1}j\right)\right]^2 = \left[\sum_{i=1}^{s}\tau(\beta_i)\right]^2\left(\sum_{j=1}^{n+1}j\right)^2 =$$
$$\left(\sum_{i=1}^{s}\tau^3(\beta_i)\right)\left(\sum_{j=1}^{n+1}j^3\right)$$

另一方面所有因子数的立方和为

$$\sum_{i=1}^{s}\tau^3(\beta_i) + \sum_{i=1}^{s}2^3\tau^3(\beta_i) + \sum_{i=1}^{s}3^3\tau^3(\beta_i) + \cdots +$$
$$\sum_{i=1}^{s}(n+1)^3\tau^3(\beta_i) = \sum_{j=1}^{n+1}\sum_{i=1}^{s}j^3\tau^3(\beta_i) =$$
$$\left(\sum_{i=1}^{s}\tau^3(\beta_i)\right)\left(\sum_{j=1}^{n+1}j^3\right) = s^2$$

这正是我们所要证明的.

现在我们对一般的自然数 n 来证明,首先 n 可写成 $N = p_1^{\alpha_1} p_2^{\alpha_2} \cdots p_s^{\alpha_s}$,

由(1)可知 $n_1 = p_1^{\alpha_1}$ 成立;

由(2)可知 $n_2 = n_1 p_2^{\alpha_2}$ 成立;

再由(3)可知 $n_3 = n_2 p_3^{\alpha_3}$ 成立.

……

如此下去,命题对任意的 N 都成立.

4 与之有关的未解决问题

由前面可知 $S_{n,j}$ 一般不会是完全平方式,但是这不等于说对某些特殊的 n 和 j，$S_{n,j}$ 不能是完全平方数，但这个问题很难. 以 $S_{n,2}$ 为例，$\dfrac{n(n+1)(2n+1)}{6}$ 虽然不是完全平方式，但当 $n=24$ 时，$S_{24,2}=4\,900=70^2$.

法国数学家 Edouard Lucas(1842—1891)最早发现了这个问题并问道：$\dfrac{1}{6}n(n+1)(2n+1)$ 除 $n=0$，$-1,1,24$ 以外再无其他值为完全平方数了吗？

这个貌似简单的问题难倒了许多人，直到 1914 年才由 George Watson（1886—1965，剑桥大学教授）利用椭圆函数给出了肯定的证明. 1952 年西德老牌数论专家 Ljunggren 又利用四次扩域中的 Pell 方程给出一个证明. 鉴于他们所用方法的艰深，世界第一本 Diophantus 方程专著的作者——英国的 Louis Joel Mordell(1888—1972,曼彻斯特大学教授)又问：能否给出一个初等的证明. 终于在 1985 年由我国三位数论专家马德刚、徐肇玉和曹珍富分别证明了这一点.

由试题 C 我们可以知道，只有当 $p=3$ 时，$S_{n,p}$ 才能是完全平方式，但通过观察我们可知 $p\neq 3$ 时，$S_{n,p}$ 都不是完全平方式，但却有一部分含有平方式. 准确地说当 p 为奇数时，$S_{n,p}$ 以 $\left[\dfrac{n(n+1)}{2}\right]^2$ 为其因式. 或可叙述为：

猜想 当 $p=2k+1,k\in\mathbf{N}$ 时，$S_{n,2}^2\mid S_{n,p}$.

陈景润的若干结果支持着这一猜想.

当 $m\geqslant 1$ 和 $k\geqslant 1$ 时令 $\overline{m}=m(m+1)$，而 $S_k(m)=\sum_{n=1}^{m}n^k$，又令

$f_3(x) = 1$

$f_5(x) = (2x-1)/3$

$f_7(x) = (3x^3 - 4x + 2)/6$

$f_9(x) = (2x^2 - 5x^2 + 6x - 3)/5$

$f_{11}(x) = (2x_4 - 8x^3 + 17x^2 - 20x + 10)/6$

$f_{13}(x) = (30x^5 - 175x^4 + 574x^3 - 1\ 180x^3 + 1\ 382x - 691)/105$

$f_{15}(x) = (3x^6 - 24x^5 + 112x^4 - 352x^3 + 718x^2 - 840 + 420)/12$

$f_{17}(x) = (10x^7 - 105x^6 + 660x^5 - 2\ 930x^4 + 9\ 114x^3 - 18\ 335x^2 + 21\ 702x - 10\ 851)/405$

$f_{19}(x) = (42x^8 - 560x^7 + 455x^6 - 27\ 096x^5 + 118\ 818x^4 - 368\ 648x^3 + 750\ 167x^2 - 877\ 340x + 438\ 670)/210$

则当 $1 \leqslant l \leqslant 0$ 时,我们有

$$S_{2l+1}(m) = (m^2 f_{2l+1}(\overline{m}))/4$$

最后让我们以美国数学大师 G. D. Birkhoff 的一句名言结束全文:"整数的简单构成,若干世纪以来一直是使数学获得新生的源泉."

哈尔滨工业大学出版社刘培杰数学工作室
已出版(即将出版)图书目录

书 名	出版时间	定 价	编号
新编中学数学解题方法全书(高中版)上卷	2007—09	38.00	7
新编中学数学解题方法全书(高中版)中卷	2007—09	48.00	8
新编中学数学解题方法全书(高中版)下卷(一)	2007—09	42.00	17
新编中学数学解题方法全书(高中版)下卷(二)	2007—09	38.00	18
新编中学数学解题方法全书(高中版)下卷(三)	2010—06	58.00	73
新编中学数学解题方法全书(初中版)上卷	2008—01	28.00	29
新编中学数学解题方法全书(初中版)中卷	2010—07	38.00	75
新编中学数学解题方法全书(高考复习卷)	2010—01	48.00	67
新编中学数学解题方法全书(高考真题卷)	2010—01	38.00	62
新编中学数学解题方法全书(高考精华卷)	2011—03	68.00	118
新编平面解析几何解题方法全书(专题讲座卷)	2010—01	18.00	61
新编中学数学解题方法全书(自主招生卷)	2013—08	88.00	261
数学眼光透视	2008—01	38.00	24
数学思想领悟	2008—01	38.00	25
数学应用展观	2008—01	38.00	26
数学建模导引	2008—01	28.00	23
数学方法溯源	2008—01	38.00	27
数学史话览胜	2008—01	28.00	28
数学思维技术	2013—09	38.00	260
从毕达哥拉斯到怀尔斯	2007—10	48.00	9
从迪利克雷到维斯卡尔迪	2008—01	48.00	21
从哥德巴赫到陈景润	2008—05	98.00	35
从庞加莱到佩雷尔曼	2011—08	138.00	136
数学解题中的物理方法	2011—06	28.00	114
数学解题的特殊方法	2011—06	48.00	115
中学数学计算技巧	2012—01	48.00	116
中学数学证明方法	2012—01	58.00	117
数学趣题巧解	2012—03	28.00	128
三角形中的角格点问题	2013—01	88.00	207
含参数的方程和不等式	2012—09	28.00	213

哈尔滨工业大学出版社刘培杰数学工作室
已出版（即将出版）图书目录

书　　名	出版时间	定　价	编号
数学奥林匹克与数学文化（第一辑）	2006—05	48.00	4
数学奥林匹克与数学文化（第二辑）（竞赛卷）	2008—01	48.00	19
数学奥林匹克与数学文化（第二辑）（文化卷）	2008—07	58.00	36'
数学奥林匹克与数学文化（第三辑）（竞赛卷）	2010—01	48.00	59
数学奥林匹克与数学文化（第四辑）（竞赛卷）	2011—08	58.00	87
数学奥林匹克与数学文化（第五辑）	2014—09		370
发展空间想象力	2010—01	38.00	57
走向国际数学奥林匹克的平面几何试题诠释（上、下）（第1版）	2007—01	68.00	11,12
走向国际数学奥林匹克的平面几何试题诠释（上、下）（第2版）	2010—02	98.00	63,64
平面几何证明方法全书	2007—08	35.00	1
平面几何证明方法全书习题解答（第1版）	2005—10	18.00	2
平面几何证明方法全书习题解答（第2版）	2006—12	18.00	10
平面几何天天练上卷·基础篇（直线型）	2013—01	58.00	208
平面几何天天练中卷·基础篇（涉及圆）	2013—01	28.00	234
平面几何天天练下卷·提高篇	2013—01	58.00	237
平面几何专题研究	2013—07	98.00	258
最新世界各国数学奥林匹克中的平面几何试题	2007—09	38.00	14
数学竞赛平面几何典型题及新颖解	2010—07	48.00	74
初等数学复习及研究（平面几何）	2008—09	58.00	38
初等数学复习及研究（立体几何）	2010—06	38.00	71
初等数学复习及研究（平面几何）习题解答	2009—01	48.00	42
世界著名平面几何经典著作钩沉——几何作图专题卷（上）	2009—06	48.00	49
世界著名平面几何经典著作钩沉——几何作图专题卷（下）	2011—01	88.00	80
世界著名平面几何经典著作钩沉（民国平面几何老课本）	2011—03	38.00	113
世界著名解析几何经典著作钩沉——平面解析几何卷	2014—01	38.00	273
世界著名数论经典著作钩沉（算术卷）	2012—01	28.00	125
世界著名数学经典著作钩沉——立体几何卷	2011—02	28.00	88
世界著名三角学经典著作钩沉（平面三角卷Ⅰ）	2010—06	28.00	69
世界著名三角学经典著作钩沉（平面三角卷Ⅱ）	2011—01	38.00	78
世界著初等数论经典著作钩沉（理论和实用算术卷）	2011—07	38.00	126
几何学教程（平面几何卷）	2011—03	68.00	90
几何学教程（立体几何卷）	2011—07	68.00	130
几何变换与几何证题	2010—06	88.00	70
计算方法与几何证题	2011—06	28.00	129
立体几何技巧与方法	2014—04	88.00	293
几何瑰宝——平面几何500名题暨1000条定理（上、下）	2010—07	138.00	76,77
三角形的解法与应用	2012—07	18.00	183
近代的三角形几何学	2012—07	48.00	184
一般折线几何学	即将出版	58.00	203
三角形的五心	2009—06	28.00	51
三角形趣谈	2012—08	28.00	212
解三角形	2014—01	28.00	265
三角学专门教程	2014—09	28.00	387
圆锥曲线习题集（上）	2013—06	68.00	255

哈尔滨工业大学出版社刘培杰数学工作室
已出版(即将出版)图书目录

书　名	出版时间	定　价	编号
俄罗斯平面几何问题集	2009—08	88.00	55
俄罗斯立体几何问题集	2014—03	58.00	283
俄罗斯几何大师——沙雷金论数学及其他	2014—01	48.00	271
来自俄罗斯的5000道几何习题及解答	2011—03	58.00	89
俄罗斯初等数学问题集	2012—05	38.00	177
俄罗斯函数问题集	2011—03	38.00	103
俄罗斯组合分析问题集	2011—01	48.00	79
俄罗斯初等数学万题选——三角卷	2012—11	38.00	222
俄罗斯初等数学万题选——代数卷	2013—08	68.00	225
俄罗斯初等数学万题选——几何卷	2014—01	68.00	226
463个俄罗斯几何老问题	2012—01	28.00	152
近代欧氏几何学	2012—03	48.00	162
罗巴切夫斯基几何学及几何基础概要	2012—07	28.00	188
超越吉米多维奇——数列的极限	2009—11	48.00	58
Barban Davenport Halberstam 均值和	2009—01	40.00	33
初等数论难题集(第一卷)	2009—05	68.00	44
初等数论难题集(第二卷)(上、下)	2011—02	128.00	82,83
谈谈素数	2011—03	18.00	91
平方和	2011—03	18.00	92
数论概貌	2011—03	18.00	93
代数数论(第二版)	2013—08	58.00	94
代数多项式	2014—06	38.00	289
初等数论的知识与问题	2011—02	28.00	95
超越数论基础	2011—03	28.00	96
数论初等教程	2011—03	28.00	97
数论基础	2011—03	18.00	98
数论基础与维诺格拉多夫	2014—03	18.00	292
解析数论基础	2012—08	28.00	216
解析数论基础(第二版)	2014—01	48.00	287
解析数论问题集(第二版)	2014—05	88.00	343
数论入门	2011—03	38.00	99
数论开篇	2012—07	28.00	194
解析数论引论	2011—03	48.00	100
复变函数引论	2013—10	68.00	269
无穷分析引论(上)	2013—04	88.00	247
无穷分析引论(下)	2013—04	98.00	245

哈尔滨工业大学出版社刘培杰数学工作室
已出版(即将出版)图书目录

书　名	出版时间	定　价	编号
数学分析	2014—04	28.00	338
数学分析中的一个新方法及其应用	2013—01	38.00	231
数学分析例选:通过范例学技巧	2013—01	88.00	243
三角级数论(上册)(陈建功)	2013—01	38.00	232
三角级数论(下册)(陈建功)	2013—01	48.00	233
三角级数论(哈代)	2013—06	48.00	254
基础数论	2011—03	28.00	101
超越数	2011—03	18.00	109
三角和方法	2011—03	18.00	112
谈谈不定方程	2011—05	28.00	119
整数论	2011—05	38.00	120
随机过程(Ⅰ)	2014—01	78.00	224
随机过程(Ⅱ)	2014—01	68.00	235
整数的性质	2012—11	38.00	192
初等数论100例	2011—05	18.00	122
初等数论经典例题	2012—07	18.00	204
最新世界各国数学奥林匹克中的初等数论试题(上、下)	2012—01	138.00	144,145
算术探索	2011—12	158.00	148
初等数论(Ⅰ)	2012—01	18.00	156
初等数论(Ⅱ)	2012—01	18.00	157
初等数论(Ⅲ)	2012—01	28.00	158
组合数学	2012—04	28.00	178
组合数学浅谈	2012—03	28.00	159
同余理论	2012—05	38.00	163
丢番图方程引论	2012—03	48.00	172
平面几何与数论中未解决的新老问题	2013—01	68.00	229
线性代数大题典	2014—07	88.00	351
法雷级数	2014—08	18.00	367
代数数论简史	2014—11	28.00	408
历届美国中学生数学竞赛试题及解答(第一卷)1950—1954	2014—07	18.00	277
历届美国中学生数学竞赛试题及解答(第二卷)1955—1959	2014—04	18.00	278
历届美国中学生数学竞赛试题及解答(第三卷)1960—1964	2014—06	18.00	279
历届美国中学生数学竞赛试题及解答(第四卷)1965—1969	2014—04	28.00	280
历届美国中学生数学竞赛试题及解答(第五卷)1970—1972	2014—06	18.00	281
历届美国中学生数学竞赛试题及解答(第七卷)1981—1986	2015—01	18.00	424

哈尔滨工业大学出版社刘培杰数学工作室
已出版(即将出版)图书目录

书　名	出版时间	定　价	编号
历届 IMO 试题集(1959—2005)	2006—05	58.00	5
历届 CMO 试题集	2008—09	28.00	40
历届中国数学奥林匹克试题集	2014—10	38.00	394
历届加拿大数学奥林匹克试题集	2012—08	38.00	215
历届美国数学奥林匹克试题集:多解推广加强	2012—08	38.00	209
保加利亚数学奥林匹克	2014—10	38.00	393
历届国际大学生数学竞赛试题集(1994—2010)	2012—01	28.00	143
全国大学生数学夏令营数学竞赛试题及解答	2007—03	28.00	15
全国大学生数学竞赛辅导教程	2012—07	28.00	189
全国大学生数学竞赛复习全书	2014—04	48.00	340
历届美国大学生数学竞赛试题集	2009—03	88.00	43
前苏联大学生数学奥林匹克竞赛题解(上编)	2012—04	28.00	169
前苏联大学生数学奥林匹克竞赛题解(下编)	2012—04	38.00	170
历届美国数学邀请赛试题集	2014—01	48.00	270
全国高中数学竞赛试题及解答.第1卷	2014—07	38.00	331
大学生数学竞赛讲义	2014—09	28.00	371
高考数学临门一脚(含密押三套卷)(理科版)	2015—01	24.80	421
高考数学临门一脚(含密押三套卷)(文科版)	2015—01	24.80	422
整函数	2012—08	18.00	161
多项式和无理数	2008—01	68.00	22
模糊数据统计学	2008—03	48.00	31
模糊分析学与特殊泛函空间	2013—01	68.00	241
受控理论与解析不等式	2012—05	78.00	165
解析不等式新论	2009—06	68.00	48
反问题的计算方法及应用	2011—11	28.00	147
建立不等式的方法	2011—03	98.00	104
数学奥林匹克不等式研究	2009—08	68.00	56
不等式研究(第二辑)	2012—02	68.00	153
初等数学研究(Ⅰ)	2008—09	68.00	37
初等数学研究(Ⅱ)(上、下)	2009—05	118.00	46,47
中国初等数学研究　2009卷(第1辑)	2009—05	20.00	45
中国初等数学研究　2010卷(第2辑)	2010—05	30.00	68
中国初等数学研究　2011卷(第3辑)	2011—07	60.00	127
中国初等数学研究　2012卷(第4辑)	2012—07	48.00	190
中国初等数学研究　2014卷(第5辑)	2014—02	48.00	288
数阵及其应用	2012—02	28.00	164
绝对值方程—折边与组合图形的解析研究	2012—07	48.00	186
不等式的秘密(第一卷)	2012—02	28.00	154
不等式的秘密(第一卷)(第2版)	2014—02	38.00	286
不等式的秘密(第二卷)	2014—01	38.00	268

哈尔滨工业大学出版社刘培杰数学工作室
已出版(即将出版)图书目录

书　名	出版时间	定　价	编号
初等不等式的证明方法	2010—06	38.00	123
初等不等式的证明方法(第二版)	2014—11	38.00	407
数学奥林匹克在中国	2014—06	98.00	344
数学奥林匹克问题集	2014—01	38.00	267
数学奥林匹克不等式散论	2010—06	38.00	124
数学奥林匹克不等式欣赏	2011—09	38.00	138
数学奥林匹克超级题库(初中卷上)	2010—01	58.00	66
数学奥林匹克不等式证明方法和技巧(上、下)	2011—08	158.00	134,135
近代拓扑学研究	2013—04	38.00	239
新编640个世界著名数学智力趣题	2014—01	88.00	242
500个最新世界著名数学智力趣题	2008—06	48.00	3
400个最新世界著名数学最值问题	2008—09	48.00	36
500个世界著名数学征解问题	2009—06	48.00	52
400个中国最佳初等数学征解老问题	2010—01	48.00	60
500个俄罗斯数学经典老题	2011—01	28.00	81
1000个国外中学物理好题	2012—04	48.00	174
300个日本高考数学题	2012—05	38.00	142
500个前苏联早期高考数学试题及解答	2012—05	28.00	185
546个早期俄罗斯大学生数学竞赛题	2014—03	38.00	285
548个来自美苏的数学好问题	2014—11	28.00	396
博弈论精粹	2008—03	58.00	30
数学 我爱你	2008—01	28.00	20
精神的圣徒　别样的人生——60位中国数学家成长的历程	2008—09	48.00	39
数学史概论	2009—06	78.00	50
数学史概论(精装)	2013—03	158.00	272
斐波那契数列	2010—02	28.00	65
数学拼盘和斐波那契魔方	2010—07	38.00	72
斐波那契数列欣赏	2011—01	28.00	160
数学的创造	2011—02	48.00	85
数学中的美	2011—02	38.00	84
王连笑教你怎样学数学——高考选择题解题策略与客观题实用训练	2014—01	48.00	262
最新全国及各省市高考数学试卷解法研究及点拨评析	2009—02	38.00	41
高考数学的理论与实践	2009—08	38.00	53
中考数学专题总复习	2007—04	28.00	6
向量法巧解数学高考题	2009—08	28.00	54
高考数学核心题型解题方法与技巧	2010—01	28.00	86
高考思维新平台	2014—03	38.00	259
数学解题——靠数学思想给力(上)	2011—07	38.00	131
数学解题——靠数学思想给力(中)	2011—07	48.00	132
数学解题——靠数学思想给力(下)	2011—07	38.00	133
我怎样解题	2013—01	48.00	227
和高中生漫谈:数学与哲学的故事	2014—08	28.00	369

Ⅵ

哈尔滨工业大学出版社刘培杰数学工作室
已出版(即将出版)图书目录

书　名	出版时间	定　价	编号
2011年全国及各省市高考数学试题审题要津与解法研究	2011—10	48.00	139
2013年全国及各省市高考数学试题解析与点评	2014—01	48.00	282
新课标高考数学——五年试题分章详解(2007～2011)(上、下)	2011—10	78.00	140,141
30分钟拿下高考数学选择题、填空题	2012—01	48.00	146
全国中考数学压轴题审题要津与解法研究	2013—04	78.00	248
新编全国及各省市中考数学压轴题审题要津与解法研究	2014—05	58.00	342
高考数学压轴题解题诀窍(上)	2012—02	78.00	166
高考数学压轴题解题诀窍(下)	2012—03	28.00	167
格点和面积	2012—07	18.00	191
射影几何趣谈	2012—04	28.00	175
斯潘纳尔引理——从一道加拿大数学奥林匹克试题谈起	2014—01	18.00	228
李普希兹条件——从几道近年高考数学试题谈起	2012—10	18.00	221
拉格朗日中值定理——从一道北京高考试题的解法谈起	2012—10	18.00	197
闵科夫斯基定理——从一道清华大学自主招生试题谈起	2014—01	28.00	198
哈尔测度——从一道冬令营试题的背景谈起	2012—08	28.00	202
切比雪夫逼近问题——从一道中国台北数学奥林匹克试题谈起	2013—04	38.00	238
伯恩斯坦多项式与贝齐尔曲面——从一道全国高中数学联赛试题谈起	2013—03	38.00	236
卡塔兰猜想——从一道普特南竞赛试题谈起	2013—06	18.00	256
麦卡锡函数和阿克曼函数——从一道南斯拉夫数学奥林匹克试题谈起	2012—08	18.00	201
贝蒂定理与拉姆贝克莫斯尔定理——从一个捡石子游戏谈起	2012—08	18.00	217
皮亚诺曲线和豪斯道夫分球定理——从无限集谈起	2012—08	18.00	211
平面凸图形与凸多面体	2012—10	28.00	218
斯坦因豪斯问题——从一道二十五省市自治区中学数学竞赛试题谈起	2012—07	18.00	196
纽结理论中的亚历山大多项式与琼斯多项式——从一道北京市高一数学竞赛试题谈起	2012—07	28.00	195
原则与策略——从波利亚"解题表"谈起	2013—04	38.00	244
转化与化归——从三大尺规作图不能问题谈起	2012—08	28.00	214
代数几何中的贝祖定理(第一版)——从一道IMO试题的解法谈起	2013—08	38.00	193
成功连贯理论与约当块理论——从一道比利时数学竞赛试题谈起	2012—04	18.00	180
磨光变换与范·德·瓦尔登猜想——从一道环球城市竞赛试题谈起	即将出版		
素数判定与大数分解	2014—08	18.00	199
置换多项式及其应用	2012—10	18.00	220
椭圆函数与模函数——从一道美国加州大学洛杉矶分校(UCLA)博士资格考题谈起	2012—10	38.00	219
差分方程的拉格朗日方法——从一道2011年全国高考理科试题的解法谈起	2012—08	28.00	200

哈尔滨工业大学出版社刘培杰数学工作室 已出版(即将出版)图书目录

书 名	出版时间	定 价	编号
力学在几何中的一些应用	2013—01	38.00	240
高斯散度定理、斯托克斯定理和平面格林定理——从一道国际大学生数学竞赛试题谈起	即将出版		
康托洛维奇不等式——从一道全国高中联赛试题谈起	2013—03	28.00	337
西格尔引理——从一道第18届IMO试题的解法谈起	即将出版		
罗斯定理——从一道前苏联数学竞赛试题谈起	即将出版		
拉克斯定理和阿廷定理——从一道IMO试题的解法谈起	2014—01	58.00	246
毕卡大定理——从一道美国大学数学竞赛试题谈起	2014—07	18.00	350
贝齐尔曲线——从一道全国高中联赛试题谈起	即将出版		
拉格朗日乘子定理——从一道2005年全国高中联赛试题谈起	即将出版		
雅可比定理——从一道日本数学奥林匹克试题谈起	2013—04	48.00	249
李天岩—约克定理——从一道波兰数学竞赛试题谈起	2014—06	28.00	349
整系数多项式因式分解的一般方法——从克朗耐克算法谈起	即将出版		
布劳维不动点定理——从一道前苏联数学奥林匹克试题谈起	2014—01	38.00	273
压缩不动点定理——从一道高考数学试题的解法谈起	即将出版		
伯恩赛德定理——从一道英国数学奥林匹克试题谈起	即将出版		
布查特—莫斯特定理——从一道上海市初中竞赛试题谈起	即将出版		
数论中的同余数问题——从一道普特南竞赛试题谈起	即将出版		
范·德蒙行列式——从一道美国数学奥林匹克试题谈起	即将出版		
中国剩余定理——从一道美国数学奥林匹克试题的解法谈起	即将出版		
牛顿程序与方程求根——从一道全国高考试题解法谈起	即将出版		
库默尔定理——从一道IMO预选试题谈起	即将出版		
卢丁定理——从一道冬令营试题的解法谈起	即将出版		
沃斯滕霍姆定理——从一道IMO预选试题谈起	即将出版		
卡尔松不等式——从一道莫斯科数学奥林匹克试题谈起	即将出版		
信息论中的香农熵——从一道近年高考压轴题谈起	即将出版		
约当不等式——从一道希望杯竞赛试题谈起	即将出版		
拉比诺维奇定理	即将出版		
刘维尔定理——从一道《美国数学月刊》征解问题的解法谈起	即将出版		
卡塔兰恒等式与级数求和——从一道IMO试题的解法谈起	即将出版		
勒让德猜想与素数分布——从一道爱尔兰竞赛试题谈起	即将出版		
天平称重与信息论——从一道基辅市数学奥林匹克试题谈起	即将出版		

哈尔滨工业大学出版社刘培杰数学工作室
已出版(即将出版)图书目录

书 名	出版时间	定 价	编号
哈密尔顿—凯莱定理:从一道高中数学联赛试题的解法谈起	2014—09	18.00	376
艾思特曼定理——从一道CMO试题的解法谈起	即将出版		
一个爱尔特希问题——从一道西德数学奥林匹克试题谈起	即将出版		
有限群中的爱丁格尔问题——从一道北京市初中二年级数学竞赛试题谈起	即将出版		
贝克码与编码理论——从一道全国高中联赛试题谈起	即将出版		
帕斯卡三角形	2014—03	18.00	294
蒲丰投针问题——从2009年清华大学的一道自主招生试题谈起	2014—01	38.00	295
斯图姆定理——从一道"华约"自主招生试题的解法谈起	2014—01	18.00	296
许瓦兹引理——从一道加利福尼亚大学伯克利分校数学系博士生试题谈起	2014—08	18.00	297
拉格朗日中值定理——从一道北京高考试题的解法谈起	2014—01		298
拉姆塞定理——从王诗宬院士的一个问题谈起	2014—01		299
坐标法	2013—12	28.00	332
数论三角形	2014—04	38.00	341
毕克定理	2014—07	18.00	352
数林掠影	2014—09	48.00	389
我们周围的概率	2014—10	38.00	390
凸函数最值定理:从一道华约自主招生题的解法谈起	2014—10	28.00	391
易学与数学奥林匹克	2014—10	38.00	392
生物数学趣谈	2015—01	18.00	409
反演	2015—01		420
中等数学英语阅读文选	2006—12	38.00	13
统计学专业英语	2007—03	28.00	16
统计学专业英语(第二版)	2012—07	48.00	176
幻方和魔方(第一卷)	2012—05	68.00	173
尘封的经典——初等数学经典文献选读(第一卷)	2012—07	48.00	205
尘封的经典——初等数学经典文献选读(第二卷)	2012—07	38.00	206
实变函数论	2012—06	78.00	181
非光滑优化及其变分分析	2014—01	48.00	230
疏散的马尔科夫链	2014—01	58.00	266
初等微分拓扑学	2012—07	18.00	182
方程式论	2011—03	38.00	105
初级方程式论	2011—03	28.00	106
Galois理论	2011—03	18.00	107
古典数学难题与伽罗瓦理论	2012—11	58.00	223
伽罗华与群论	2014 01	28.00	290
代数方程的根式解及伽罗瓦理论	2011—03	28.00	108
代数方程的根式解及伽罗瓦理论(第二版)	2015—01	28.00	423
线性偏微分方程讲义	2011—03	18.00	110
N体问题的周期解	2011—03	28.00	111
代数方程式论	2011—05	18.00	121
动力系统的不变量与函数方程	2011—07	48.00	137
基于短语评价的翻译知识获取	2012—02	48.00	168

哈尔滨工业大学出版社刘培杰数学工作室
已出版(即将出版)图书目录

书　名	出版时间	定　价	编号
应用随机过程	2012—04	48.00	187
概率论导引	2012—04	18.00	179
矩阵论(上)	2013—06	58.00	250
矩阵论(下)	2013—06	48.00	251
趣味初等方程妙题集锦	2014—09	48.00	388
对称锥互补问题的内点法：理论分析与算法实现	2014—08	68.00	368
抽象代数：方法导引	2013—06	38.00	257
闵嗣鹤文集	2011—03	98.00	102
吴从炘数学活动三十年(1951～1980)	2010—07	99.00	32
函数论	2014—11	78.00	395
吴振奎高等数学解题真经(概率统计卷)	2012—01	38.00	149
吴振奎高等数学解题真经(微积分卷)	2012—01	68.00	150
吴振奎高等数学解题真经(线性代数卷)	2012—01	58.00	151
高等数学解题全攻略(上卷)	2013—06	58.00	252
高等数学解题全攻略(下卷)	2013—06	58.00	253
高等数学复习纲要	2014—01	18.00	384
钱昌本教你快乐学数学(上)	2011—12	48.00	155
钱昌本教你快乐学数学(下)	2012—03	58.00	171
数贝偶拾——高考数学题研究	2014—04	28.00	274
数贝偶拾——初等数学研究	2014—04	38.00	275
数贝偶拾——奥数题研究	2014—04	48.00	276
集合、函数与方程	2014—01	28.00	300
数列与不等式	2014—01	38.00	301
三角与平面向量	2014—01	28.00	302
平面解析几何	2014—01	38.00	303
立体几何与组合	2014—01	28.00	304
极限与导数、数学归纳法	2014—01	38.00	305
趣味数学	2014—03	28.00	306
教材教法	2014—04	68.00	307
自主招生	2014—05	58.00	308
高考压轴题(上)	2014—11	48.00	309
高考压轴题(下)	2014—10	68.00	310
从费马到怀尔斯——费马大定理的历史	2013—10	198.00	I
从庞加莱到佩雷尔曼——庞加莱猜想的历史	2013—10	298.00	II
从切比雪夫到爱尔特希(上)——素数定理的初等证明	2013—07	48.00	III
从切比雪夫到爱尔特希(下)——素数定理100年	2012—12	98.00	III
从高斯到盖尔方特——二次域的高斯猜想	2013—10	198.00	IV
从库默尔到朗兰兹——朗兰兹猜想的历史	2014—01	98.00	V
从比勃巴赫到德布朗斯——比勃巴赫猜想的历史	2014—02	298.00	VI
从麦比乌斯到陈省身——麦比乌斯变换与麦比乌斯带	2014—02	298.00	VII
从布尔到豪斯道夫——布尔方程与格论漫谈	2013—10	198.00	VIII
从开普勒到阿诺德——三体问题的历史	2014—05	298.00	IX
从华林到华罗庚——华林问题的历史	2013—10	298.00	X

哈尔滨工业大学出版社刘培杰数学工作室 已出版(即将出版)图书目录

书 名	出版时间	定 价	编号
三角函数	2014—01	38.00	311
不等式	2014—01	28.00	312
方程	2014—01	28.00	314
数列	2014—01	38.00	313
排列和组合	2014—01	28.00	315
极限与导数	2014—01	28.00	316
向量	2014—09	38.00	317
复数及其应用	2014—08	28.00	318
函数	2014—01	38.00	319
集合	即将出版		320
直线与平面	2014—01	28.00	321
立体几何	2014—04	28.00	322
解三角形	即将出版		323
直线与圆	2014—01	28.00	324
圆锥曲线	2014—01	38.00	325
解题通法(一)	2014—07	38.00	326
解题通法(二)	2014—07	38.00	327
解题通法(三)	2014—05	38.00	328
概率与统计	2014—01	28.00	329
信息迁移与算法	即将出版		330
第19~23届"希望杯"全国数学邀请赛试题审题要津详细评注(初一版)	2014—03	28.00	333
第19~23届"希望杯"全国数学邀请赛试题审题要津详细评注(初二、初三版)	2014—03	38.00	334
第19~23届"希望杯"全国数学邀请赛试题审题要津详细评注(高一版)	2014—03	28.00	335
第19~23届"希望杯"全国数学邀请赛试题审题要津详细评注(高二版)	2014—03	38.00	336
第19~25届"希望杯"全国数学邀请赛试题审题要津详细评注(初一版)	2015—01	38.00	416
第19~25届"希望杯"全国数学邀请赛试题审题要津详细评注(初二、初三版)	2015—01	58.00	417
第19~25届"希望杯"全国数学邀请赛试题审题要津详细评注(高一版)	2015—01	48.00	418
第19~25届"希望杯"全国数学邀请赛试题审题要津详细评注(高二版)	2015—01	48.00	419

哈尔滨工业大学出版社刘培杰数学工作室
已出版(即将出版)图书目录

书　名	出版时间	定　价	编号
物理奥林匹克竞赛大题典——力学卷	2014—11	48.00	405
物理奥林匹克竞赛大题典——热学卷	2014—04	28.00	339
物理奥林匹克竞赛大题典——电磁学卷	即将出版		406
物理奥林匹克竞赛大题典——光学与近代物理卷	2014—06	28.00	345
历届中国东南地区数学奥林匹克试题集(2004～2012)	2014—06	18.00	346
历届中国西部地区数学奥林匹克试题集(2001～2012)	2014—07	18.00	347
历届中国女子数学奥林匹克试题集(2002～2012)	2014—08	18.00	348
几何变换(Ⅰ)	2014—07	28.00	353
几何变换(Ⅱ)	即将出版		354
几何变换(Ⅲ)	即将出版		355
几何变换(Ⅳ)	即将出版		356
美国高中数学竞赛五十讲.第1卷(英文)	2014—08	28.00	357
美国高中数学竞赛五十讲.第2卷(英文)	2014—08	28.00	358
美国高中数学竞赛五十讲.第3卷(英文)	2014—09	28.00	359
美国高中数学竞赛五十讲.第4卷(英文)	2014—09	28.00	360
美国高中数学竞赛五十讲.第5卷(英文)	2014—10	28.00	361
美国高中数学竞赛五十讲.第6卷(英文)	2014—11	28.00	362
美国高中数学竞赛五十讲.第7卷(英文)	即将出版		363
美国高中数学竞赛五十讲.第8卷(英文)	即将出版		364
美国高中数学竞赛五十讲.第9卷(英文)	即将出版		365
美国高中数学竞赛五十讲.第10卷(英文)	即将出版		366
IMO 50年.第1卷(1959—1963)	2014—11	28.00	377
IMO 50年.第2卷(1964—1968)	2014—11	28.00	378
IMO 50年.第3卷(1969—1973)	2014—09	28.00	379
IMO 50年.第4卷(1974—1978)	即将出版		380
IMO 50年.第5卷(1979—1983)	即将出版		381
IMO 50年.第6卷(1984—1988)	即将出版		382
IMO 50年.第7卷(1989—1993)	即将出版		383
IMO 50年.第8卷(1994—1998)	即将出版		384
IMO 50年.第9卷(1999—2003)	即将出版		385
IMO 50年.第10卷(2004—2008)	即将出版		386

哈尔滨工业大学出版社刘培杰数学工作室
已出版(即将出版)图书目录

书　名	出版时间	定　价	编号
历届美国大学生数学竞赛试题集.第一卷(1938—1947)	即将出版		397
历届美国大学生数学竞赛试题集.第二卷(1948—1957)	即将出版		398
历届美国大学生数学竞赛试题集.第三卷(1958—1967)	即将出版		399
历届美国大学生数学竞赛试题集.第四卷(1968—1977)	即将出版		400
历届美国大学生数学竞赛试题集.第五卷(1978—1987)	即将出版		401
历届美国大学生数学竞赛试题集.第六卷(1988—1997)	即将出版		402
历届美国大学生数学竞赛试题集.第七卷(1998—2007)	即将出版		403
历届美国大学生数学竞赛试题集.第八卷(2008—2012)	即将出版		404
新课标高考数学创新题解题诀窍:总论	2014—09	28.00	372
新课标高考数学创新题解题诀窍:必修1～5分册	2014—08	38.00	373
新课标高考数学创新题解题诀窍:选修2－1,2－2,1－1,1－2分册	2014—09	38.00	374
新课标高考数学创新题解题诀窍:选修2－3,4－4,4－5分册	2014—09	18.00	375
全国重点大学自主招生英文数学试题全攻略:词汇卷	即将出版		410
全国重点大学自主招生英文数学试题全攻略:概念卷	2015—01	28.00	411
全国重点大学自主招生英文数学试题全攻略:文章选读卷(上)	即将出版		412
全国重点大学自主招生英文数学试题全攻略:文章选读卷(下)	即将出版		413
全国重点大学自主招生英文数学试题全攻略:试题卷	即将出版		414
全国重点大学自主招生英文数学试题全攻略:名著欣赏卷	即将出版		415

联系地址:哈尔滨市南岗区复华四道街10号　哈尔滨工业大学出版社刘培杰数学工作室
网　　址:http://lpj.hit.edu.cn/
邮　　编:150006
联系电话:0451－86281378　　13904613167
E-mail:lpj1378@163.com